உயிரினங்களின் உணர்வுகளும் நடத்தையும்

பா. ராம்மனோகர்

notionpress.com
INDIA • SINGAPORE • MALAYSIA

Notion Press

Old No. 38, New No. 6
McNichols Road, Chetpet
Chennai - 600 031

First Published by Notion Press 2019
Copyright © பா. ராம்மனோகர் 2019
All Rights Reserved.

ISBN 978-1-64650-894-5

This book has been published with all efforts taken to make the material error-free after the consent of the author. However, the author and the publisher do not assume and hereby disclaim any liability to any party for any loss, damage, or disruption caused by errors or omissions, whether such errors or omissions result from negligence, accident, or any other cause.

While every effort has been made to avoid any mistake or omission, this publication is being sold on the condition and understanding that neither the author nor the publishers or printers would be liable in any manner to any person by reason of any mistake or omission in this publication or for any action taken or omitted to be taken or advice rendered or accepted on the basis of this work. For any defect in printing or binding the publishers will be liable only to replace the defective copy by another copy of this work then available.

பொருளடக்கம்

அணிந்துரை 5
என்னுரை 7

1. பழகும் விலங்கே 9
2. எல்லாத்துக்கும் "மூடு" வேண்டும்... (Mood) 13
3. எல்லாமே தலையெழுத்துப்படிதான் 17
4. "கெமிஸ்ட்ரி" ஒர்க் அவுட் ஆகணும் 23
5. நேற்றுவரை நினைக்கலையே 27
6. கால, காலத்திலே! 31
7. எங்கே செல்லும் இந்த பாதை 35
8. பாடித் திரிந்த பறவைகளே! 39
9. போவோமா? ஊர்கோலம் 45
10. ஹலோ, ஹலோ! சுகமா? 49

11. ஒரு சாண் வயிற்றுக்கு..55
12. என்கிட்டே மோதாதே..59
13. இது எங்க ஏரியா..63
14. ஒண்ணாயிருக்க கத்துக்கணும்....................................67
15. காதல் வைபோகமே..73
16. பார்த்து, பார்த்து வளர்த்தேனே.................................77
17. கற்றுக்கொடுத்தது யாருங்க..83
18. பரம்பரை, பரம்பரையா..89
19. உறவுகள் தொடர்கதை...95
20. பறவைகளை கண்காணிப்பீர்!..................................101
21. இனியேனும் உணர்வோமா?.....................................107

அணிந்துரை

இந்நூலாசிரியர் முனைவர்.பா.ராம் மனோகர் எழுதியுள்ள"உயிரினங்களின் உணர்வும் நடத்தையும்" என்ற இந்நூலில் விலங்குகளின் நடத்தை உருவாக்கம், உணவு பழக்கம், இனப்பெருக்கம், எல்லை நடத்தை, வலசை போதல், சமூக வாழ்க்கை போன்றவற்றைப்பற்றி விரிவாகவும், எளிமையாகவும் விளக்கப்பட்டுள்ளது.

பள்ளி, கல்லூரி மாணவர்கள் மற்றும் வனவிலங்கு ஆய்வாளர்கள், ஆர்வலர்கள் புரிந்து கொள்ளும் வகையில் அமைந்துள்ளதால் இந்நூல் தமிழ் மக்களின் வரவேற்பை பெறும் என நம்புகிறேன்.

வனவிலங்குகளின் அரிய நடத்தைகள் பற்றிய ஆதார பூர்வ அறிவியல் தகவல்கள் கொண்ட நூல்கள் தமிழில் மிகக்குறைவாகவே காணப்படுகின்றன. இந்நிலையில் இந்த நூல் தமிழில் வெளியிடப்படுவது குறித்து மகிழ்ச்சி அளிக்கிறது. நூலாசிரியருக்கு எனது பாராட்டுக்களை தெரிவித்துக்கொள்கிறேன்.

இந்நூலின் பயன்பாடு மூலமாக எதிர்கால இந்திய வனவிலங்குகளின் பாதுகாப்பு, ஆய்வு திட்டங்களை சிறப்பாக மேற்கொள்ளவும்,பொதுமக்களிடையே உரிய இயற்கைவிழிப்புணர்வு மேம்படுத்த நிச்சயம் உதவும்.இதேபோல்மேலும்

பல இயற்கை, சுற்று சூழல்அறிவியல் நூல்களை சமுதாயத்திற்கு பயன்படும் வகையில் நூலாசிரியர் உருவாக்க எனது மனம் கனிந்த வாழ்த்துக்களையும் தெரிவித்துக்கொள்கிறேன்.

டாக்டர். உ.ஶ்ரீதரன்
முதுநிலை விஞ்ஞானி மற்றும் ஆலோசகர்.
இந்திய அரசு
சுற்று சூழல், வனம் மற்றும் பருவ காலமாற்றம் அமைச்சகம்,
மண்டல அலுவலகம், பெங்களூரு-560034.

என்னுரை

"உயிரினங்களின் உணர்வும், நடத்தையும்" என்ற இந்நூல் நம்மோடு அழகிய இவ்வுலகத்தில் பயணிக்கின்ற இயற்கையான உயிரினங்களின் நடத்தைகளைப் பற்றிய தகவல்கள் நிறைந்த கட்டுரைகளின் தொகுப்பு ஆகும். மனிதர்கள் தாமே உலகில் உயர்படைப்பு என்றும், ஆறறிவு உடைய இவ்வினத்தின் மூளை செயல்திறன் சிறப்புமிக்கது எனவும் இன்றைய உலகத்தின் அறிவியல் தொழில்நுட்ப வளர்ச்சிக்கு அவனே காரணமெனினும், நம் மூதாதையராக, சக பயணிகளாக வாழ்ந்து கொண்டிருக்கின்ற சிறு உயிரினங்களையும், பெரிய விலங்குகளையும், தனது நலனுக்காகவே பயன்படுத்தி வருகிறான்! அவ்விலங்குகளை ஒப்புமைப்படுத்தி, மனித இனத்திற்குள் தம் உறவுகளையே இழிச்சொல் கூறி வசைபாடுகிறான். எனினும் விலங்குகளின் தோற்றம், வாழ்க்கை அவற்றின் அன்றாட நடத்தை செயல்பாடுகள், உணவிடம், இனப்பெருக்கம், பெற்றோர் பாதுகாப்பு போன்ற பண்புகள் அதிசயமிக்கவை! அரிய ஆய்வு அறிவியல் தகவல்கள் அனைத்தும் கொண்ட இக்கட்டுரை தொகுப்பில், எளிமையாக அனைவரும் புரிந்து கொள்ள முயற்சி செய்ய எழுதப்பட்டுள்ளது.

இத்தகைய "விலங்கின நடத்தைகள்" பற்றி தமிழ் மொழியில் இந்த நூலினை எழுத எனக்கு உந்து சக்தியாக விளங்கியவர், எனது முனைவர் ஆய்வு வழிகாட்டி

முன்னாள் ராஜஸ்தான் பல்கலைக்கழகத் துறை தலைமை பேராசிரியர் டாக்டர். ரீனா மாத்தூர் அவர்களும் எனது குடும்பத்தாரும் ஆவார்கள். அவர்களுக்கு என் நன்றி. இந்நூலினை சிறப்பாக வெளியிட ஊக்கமும் ஆக்கமும் தந்த சென்னை நோஷன் பதிப்பக்கத்தார் அவர்களுக்கும் எனது நன்றிகள் உரித்தாகுக.

இந்நூல் விலங்கு ஆர்வலர்கள், சுற்றுச்சூழல் விழிப்புணர்வு தன்னார்வலர்கள், கல்லூரி, பள்ளி மாணவர்களுக்கு விலங்குகளின் வாழ்க்கைப் பற்றி அறிந்து கொள்ள உதவும் என நம்புகிறேன்.

முனைவர். பா. ராம்மனோகர்

1

பழகும் விலங்கே

சமீபகாலத்தில் நாம் பார்த்த திரைப்படம் ஒன்றில் "வாங்க பழகிப்பார்க்கலாம்" என ஒருவர் கூற, அதுவே பலரின், நகைச்சுவை வசனமாக மாறிய நிலை அனைவரும் அறிவோம்! நேற்று எங்கள் பக்கத்து வீட்டில் வசித்து வந்த இருவர் வெளியில் சென்று வந்து தம் வீட்டின் அருகே வந்து கொண்டிருக்கையில் அவர்கள் வளர்த்த இரு நாய்களும், அவ்விரு மகளிரையும் கண்டு மகிழ்ந்து குலாவி.... வரவேற்கும் பொழுது கொஞ்சும் குரலில் கூவி அவர்கள் முன் கவிழ்ந்து, பிரண்டு, உடல் மீது தாவி... எத்தனை குதூகலம் அவ்வுயிரினங்களுக்கு...!

ஆம்! இதேபோல் எங்கள் வீட்டு தேக்கு மரக்கிளையில் இரண்டாவது மேல்தளத்தில் காலை சரியாக 7.15 மணிக்கு அண்டங்காகம் ஒன்று கரைந்து என் இல்லத்தரசியினை உணவு கேட்டு அழைக்கும்! நம்மில் பலர் வளர்ப்பு விலங்குகளோ, பறவைகளோ, அவற்றின் இத்தகைய நடத்தையினை, பழகும் விதத்தினைக் கூர்ந்து கவனிக்கிறோமோ? இல்லை. நேரமில்லை.

எனினும் வீட்டு வளர்ப்பு விலங்குகளை அறிந்த கிராம மக்கள், விவசாயிகள், ஜல்லிக்கட்டு காளைகளைப் பயிற்றுவிக்கும் இளைஞர்கள், காவல் துறையின் மோப்பநாய்கள், பந்தயத்திற்க்காக விடும் மாடப்புறாக்கள், சண்டை சேவல்கள்,

பிரியத்திற்காக வளர்க்கப்படும் வீட்டுப்பூனைகள், காதற்பறவைகள், இன்னும் எவ்வளவோ... இவற்றைத்தவிர, குழந்தைகள் மனம் மகிழ விலங்கியல் பூங்காக்களிலுள்ள விலங்குகள், பறவைகள்,

இவ்வுயிரினங்களின் செயல்கள் நமக்கு வியப்பை அளிக்கிறது. ஆனால் இதனை அறிவியல் பூர்வமாக அறியக்கூடிய விலங்கியல் பாடம் "விலங்கு நடத்தையியல்" (ETHOLOGY) ஆகும்.

விலங்குகளின் உடல் உறுப்பு இயக்கம், நடமாட்ட முறை, அசைவுகள், நிறமாற்றம், ஒலி எழுப்புதல், வெளித்தோற்ற மாறுபாடு அனைத்துமே விலங்குகள் தமக்குள்ளும், பிற இன விலங்குகளுக்கும் தகவல் தெரிவிக்கபயன்படுத்தும் முறைகளாகும். "ஈதோஸ்" என்ற பழக்கம் கிரேக்க வார்த்தையினை ஒட்டி ஈதாலஜி என்ற நடத்தையியல் என்ற சொல் 18 ஆம் நூற்றண்டில் சில வெளியீடுகளில் பயன்படுத்தப்பட்டது. பின்னர் 19 ஆம் நூற்றண்டில் விலங்கு வாழ்க்கை முறையினை அறிய தொடர்ந்து இச்சொல் விலங்கு அறிவியலில் பிரபலப்படுத்தபட்டது!

எனினும் 1950 ஆம் ஆண்டில் தான் நிகோடிம்பர் ஜன் என்பவர் சரியான முறையில் இதனை விளக்கினார்.

சரி! ஆனால் நாம் விலங்கு நடத்தையியலை பற்றி ஏன் அறிந்து கொள்ள வேண்டும்? விவசாயிகள் தம் பண்ணை விலங்குகளை பராமரிக்கவும், பூச்சிகள், அகழ் உயிரினங்களான எலிகள் நடத்தையறிந்து பயிர்களை பாதுகாக்க அவசியமாகிறது. நவீன நகரங்களில், வீடுகளில் கரப்பான் பூச்சிகள், கரையான்கள், கொசு, தொந்தரவினை தடை செய்யவும், பிரியமான நாய், பூனைகள், பறவைகளை முறையாக பராமரிக்க இவ்வறிவியல் உதவுகிறது. மேலும் விலங்கு காட்சியக பராமரிப்பு, நமது இயற்கை சமநிலை பேண அரிய விலங்குகளை உள் இனப்பெருக்கம் செய்யும் முறைகள் ஆகியவற்றிற்கு இவ்வறிவியல் பயன்படுகிறது என்றால் மிகையில்லை.

விலங்குகளுக்கு நடத்தைகள் ஏன் முக்கிய செயலாகிறது? சூழலுக்கேற்றவாறு தம்மை மாற்றிக் கொள்வது (அ) தகவமைத்துக் கொள்வது உயிரிகளின் இயற்கைப் பண்பாகும். எடுத்துக்காட்டாக அமிலப்பகுதியினை நுண்ணிய பாக்டீரியா கூட விரும்பாமல் விலகிவிடும். ஆதி உயிரியான புரோட்டோசோவா (அமீபா) முதல் வளர்ச்சி பெற்ற குரங்கினம், மனித இனங்கள் வரை பல்வேறு செயல்பாடுகளைக் கொண்டு தம் வாழ்க்கையினை மேற்கொள்கின்றன. ஸ்டிக்கில் பேக் மீனினம் புற்களையும் நார்களையும் கொண்டு ஆற்றுப்படுகையில் கூடு கட்டி, அதனை காத்து, தன் துடுப்புகள் மூலம் விசிறி தூய வளி (ஆக்ஸிஜன்) பெற உதவும் நடத்தை விந்தையானதல்லவா?

விலங்குகளின் குறிப்பிட்ட நடத்தை ஏன் ஏற்படுகிறது? உடனடிக்காரணம், முக்கிய காரணம் என்ற இரு காரணிகளின் அடிப்படையில் உள்ளது. நாய் பசித்துண்டால் உணவு உண்ணுகிறது என்பதும், அவ்விலங்கின் உயிர் வாழ்தல், இனப்பெருக்கம் என்றவை முக்கிய காரணமாக அமைந்துள்ளது. நடத்தை என்ற பழகுதல் நிகழ்வு பல்வேறு கூறுகளை அடிப்படையாக கொண்டது. விலங்குகளின் உடலசைவு, ஒலி வெளிப்பாடு, புறவண்ணமாற்றம், சில சுரப்புகள் சுரத்தல் ஆகியவற்றால் அறியலாம். உறுப்புகள் ஒரு தூண்டலுக்கு துலங்குதல் என்ற வகையிலும் சூழலின் மாற்றத்துக்கு ஏற்றவாறு விலங்குகள் இயக்கம் நடத்தையாகும்.

இத்தகைய விலங்கு நடத்தையால், சூழல் நடத்தையியல் உடற்செயல் நடத்தையியல், நடத்தை மரபியல் போன்றவற்றுடன் சமீப காலமாக மனித நடத்தையியல் என்ற பிரிவும் இணைக்கப்பட்டுள்ளது.

விலங்கு பழகுதல் அல்லது நடத்தை மிக தொன்மையான அறிவியல் செயல்பாடாக இருந்துள்ளது. கிரேக்க தத்துவ விஞ்ஞானி அரிஸ்டாட்டில் (372 BC) முதன் முதலில் தான் கண்ட விலங்கு செயல்பாடுகளை "ஹிஸ்டோரியா அனிமேலியம்" என்ற நாளில் குறிப்பிட்டார். 17 ஆம் நூற்றாண்டில் வில்லியம் ஹார்வி என்ற அறிஞர் பறவையின இனப்பெருக்க செயல்பாடுகள் ஆய்வு செய்தார். மேலும் சில விஞ்ஞானிகள் கேலன், கில்பர்ட் ஒயிட், வில்லியம் ஜேம்ஸ், ஐவன்பவ்லோவ், டி.எச்.மார்கன் தார்ன் டைக், ஜே.பி.வாட்சன் போன்றோரும் அவ்வப்போது சில குறிப்புகளை வெளியிட்டனர்.

கொன்ராட் லாரன்ஸ் (1903-1989) என்பவர் வியன்னா பல்கலைக்கழகத்தில் பேராசிரியராக பணிபுரிந்தார். விலங்கு நடத்தைகள் பற்றிய ஆய்வுகளை செய்து, (அ) குழந்தை கற்றல் என்ற முக்கிய நடத்தை கோட்டபாட்டினை கண்டுபிடித்தார். அவரே "நடத்தையியலின் தந்தை" என அழைக்கப்படுகிறார். ஜெர்மனி விஞ்ஞானி கார்ல் வான் பரிச் (1886-1982) என்பவர் சமூக [பூச்சிகளான தேனீக்கள் பற்றி ஆய்வு செய்து நோபல் பரிசு பெற்றார். நிகோடிம்பர்ஜன் என்ற இங்கிலாந்து அறிவியலறிஞர் வண்ணத்துப்பூச்சி, குளவி, மீன்கள், ஆலாக்கள் பற்றிய ஆய்வுகள் செய்து நூல்கள் எழுதினார்.

உயிரியலின் பல்வேறு பிரிவுகளான மூலக்கூறு உயிரியல், சமூகவியல், சூழல் உயிரியல், மனோதத்துவ இயல் ஆகியவற்றிற்கு உதவிபுரியக்கூடிய அறிவியலாக, விலங்கு நடத்தையியல் கொஞ்சமும் கொஞ்சமாக வளர்ச்சியடைந்து வருகிறது. இந்தியாவில் விலங்கு நடத்தையியல் ஆய்வு மிக தாமதமாகவே 1970 ஆம் ஆண்டுகளில் பல்வேறு வெளிநாட்டு ஆய்வாளர்கள் மூலம் துவங்கியது. வன விலங்கு சரணாலயங்களில் இயற்கையாக விலங்கு, பறவைகளை கண்டறிந்து ஆய்வு செய்வது, பம்பாய் இயற்கை வரலாற்று

சங்கத்தின் (Bombay Natural History Society), பல விஞ்ஞானிகள் டாக்டர். சலீம் அலி அவர்கள் தலைமையில் துவக்கினர்.

பின்னர் டேராடூன் வனவிலங்கு ஆய்வு கல்வி நிறுவனம், கோவை, சலீம் அலி பறவையியல் இயற்கை வரலாறு மையம் போன்றவையும், பல்வேறு தன்னார்வ தொண்டு நிறுவனங்களும் பல்கலைக் கழகங்களுடன் இணைந்து "விலங்கு நடத்தை பற்றிய ஆய்வுகள் மேற்கொண்டு வருகின்றனர்.

2

எல்லாத்துக்கும் "மூடு" வேண்டும்... (Mood)

எல்லாத்துக்குமே எனக்கு அந்த "மூடு" வந்தா தான், என்னால குறிப்பிட்ட வேலையை செய்யமுடியும்! படிக்க முடியும், என்பதும் எனக்கு சரியான மூடில்லே, அதனாலே அதை சரியா செய்ய முடியல! என்பதெல்லாம் நாம் நம் சக மனிதர்களிடம் அடிக்கடி செவிவழி அறியும் சொற்றோடர்கள் அல்லவா? அப்பா இந்த மூடு என்பது என்ன? நோக்கத்தினை அடைய உதவும் தயார் நிலை நடத்தை அல்லது தூண்டல் என ஆஸ்கர் ஹியின்ராத் என்ற விஞ்ஞானி கூறுகிறார்.

ஒரு குறிப்பிட்ட நடத்தையினை மேற்கொள்ள விலங்கு தயாராகும் நிலை, எடுத்துக்காட்டாக பசியின் பொழுது அவ்விலங்கு உணவு தேடும் "மூடு" (Mood) நிலையின் பொழுது அக்குறிக்கோளின் உணர்வு வேகம் அதிகம், இதனை உச்சக்கட்ட உணர்வு நிலை, பின்னர் அதாவது குறிக்கோளை அடையும் நிலையில் உணவு கிடைத்த பின்னர் மித உணர்வு நிலையினை அடைகிறது. இதற்கு பிறகு, உண்ணவோ தேவை குறைய, உண்ணவோ தேடும் குறிக்கோள் ஒரு சில மணிநேரம் இருக்காது. இத்தகைய ஒவ்வொரு நடத்தையும் மரபணுக்களால் நிர்ணயிக்கப்படுகிறது. உணவூட்டம், இனப்பெருக்கம், சண்டை, தப்பித்தல் ஆகிய செயல்பாடுகளில் ஏற்படும் நடத்தைகள் கீழ்கண்ட மூன்று படிநிலைகளில் நிறைவேற்றப்படுகிறது.

1. குறிக்கோளைத் தேடுதல் (பசி)
2. குறிக்கோளை அடைதல் (உணவு பெரும் செயல்பாடு)
3. குறிக்கோளிலிருந்து விடுபடுதல் (உணவு பெற்றபின் ஓய்வு)

இந்த மாதிரி விலங்குகளின் முக்கியமான நடத்தையெல்லாம், தானாகத்தோன்றியது என்பது ஆச்சர்யமாக இருக்கு! சிறிய குளவிப்பூச்சிகள் தம் இள உயிரினங்களுக்கு புழுக்களை தேடி உணவாக குறிப்பிட்ட கூட்டில் சென்று தருவதும், ஆண் மயில் தோகை விரித்து நடனமாடுதல், தையற்காரப்பறவை இலைகளை இணைத்து கூடுகட்டுகிறதே! இப்படி எத்தனையோ எடுத்துக் காட்டுகள் நாம் பார்க்கலாம்.

இவ்வகை உள்ளுணர்வு நடத்தைகள், சூழ்நிலைக்கேற்றவாறு, பாரம்பரியமாக "ஜீனோம்" என்ற மரபணுத் தொகுப்பில், "சிற்றின நினைவு" என்ற நிலையில் பதித்து விடுகிறது. மத்திய நரம்பு மண்டலம் மூலமாக, இத்தகைய நடத்தைகள், இனப்பெருக்கம், உணவீட்ட முறை, கூடு கட்டுதல், பெற்றோர் பாதுகாப்பு, குரலெலுப்புதல் போன்ற செயல்பாடுகளுக்கு பயன்படும்.

சிலவகை உள்ளுணர்வு நடத்தைகள் சிக்கலானது, எனினும் வலுவானது. நிலைப்படுத்தப்பட்ட செயல் வகை நடத்தை பரிமாணம் வழியாக பல்வேறு சிற்றினங்களில் தொடருகிறது. இதனை பரிமாண மரபு மாற்றத்தாங்கு திறன் என அழைக்கலாம். எடுத்துக்காட்டாக, குரங்குகளின் நீண்ட வால், அவ்விலங்குகள் உயர மரங்களில் ஏறுகையில், சமநிலை உறுப்பாக செயல்படுகிறது. எனினும் சிறிய வால் கொண்ட குரங்குகளிலும், வாலின் அசைவு சமநிலைக்கு உதவவில்லையெனினும், அந்நடத்தை (வால் அசைவு) தொடருகிறது.

இதே போல் விலங்கு நடத்தையினைத் தூண்ட, ஒரு குறிப்பிட்ட குறியீடு, வடிவமாக, வண்ணமாக, உள்ளது. அத்தூண்டலின் மூலம் நிலைப்படுத்தப்பட்ட செயல் வகை நடத்தை உடனடியாக ஏற்படும் என கொன்ராடு லாரன்ஸ் என்ற விஞ்ஞானி கூறினார்.

ஆம் ஸ்டிக்கிள் பேக் என்ற சிறிய மீன்களில், ஆண்களின் உடலில் வயிற்றுப்புறப் பகுதியில் கீழ்ப்புற சிவப்பு வண்ணம் பெற்று பெண்மீன்களை கவருதல் நடைபெறுகிறது! இவ்வண்ணம் தூண்டல் ஆக மாறுகிறது. மனிதர்களிலும் நடத்தை மாற்றம் உருவாக்க, குறியீட்டு தூண்டல்கள் ஏற்படுவது நாம் கண்டுவருகிறறோம். அல்லவா? குறிப்பிட்ட வணிக நிறுவன சின்னம் குறிப்பிட்ட வசனம்! என்ற சிறிய குறியீடுகள், அதன் பின்னர் மனதில் மாற்றம் உருவாக்கி, தொடர் நடத்தைகளில் மாற்றம் நிகழ்த்துவதை நாம் புரிந்து கொள்ள இயலும்.

ஒரு குறிப்பிட்ட தூண்டலுக்காக சிறப்பான நரம்பு உணர்வு நுணுக்கத்தின் மூலமாகவும் நடத்தை விலங்கிலிருந்து வெளிப்படுவதாக 1951 ல் நிகோடிம்பர்ஜன்

என்ற அறிஞர் "உள்ளார்ந்த செயல் விடுவிப்பு" என கூறினார். மேலும் இத்தகைய நடத்தைகள் உருவாக, மத்திய நரம்பு மண்டலத்தினுள், மூளையின் குறிப்பிட்ட பகுதியின் ஆற்றல், நிலையான நடத்தை வெளிப்படுவதாகவும் கூறினார்.

நடத்தை உருவாக்கத்திற்கான காரணம், வான் கொல்ஸ்டா ஹெஸ், ஹிண்டே, பாவ்லோவ், ஹார்லோ, ஸ்கின்னர் போன்ற பல அறிஞர்கள் இச்செயல்பாடுகள் பற்றி ஆய்வுகள் மேற்கொண்டனர். உடலிலுள்ள உறுப்புகள் செயல், நாளமில்லா சுரப்பிகளின் ஹார்மோன்கள் வழிகாட்டுதலில் தசைகளின் ஒருங்கிணைந்த செயல்பாடு, வெளித்தூண்டல் புலனுறுப்புகள் ஆகியவற்றின் அடிப்படையிலும் நடத்தைகள் உருவாக்கப்படுகிறது என பிற்காலத்தில் அறியப்பட்டது.

"சூழலுக்கேற்றமாதிரி பார்த்து நடந்துக்கணும்" என நாம் வழக்கத்தில் ஆலோசனை, அறிவுரைகளை சொல்ல அறிந்திருக்கிறோம். ஒரு அனுபவத்தின் அடிப்படையில் கற்றல் மூலம் நடத்தைகள் மாறுவது "கற்றல் கொள்கை" (Learning) எனப்படுவதாகும். இதனை உள்ளார்ந்த கற்றல் நடத்தை, கற்றல் நடத்தை என பிரிக்கலாம்.

கற்றல் நடத்தைக்கு எடுத்துக்காட்டாக புலிகள் தம் குட்டிகளை பேணி வளர்த்து, வேட்டைக்கு பழக்கப்படுத்தி பயிற்சி அளித்தல், ஜப்பானியமகாக் வகை குரங்குகள் உருளைக் கிழங்குகள் கடல் நீரில் கழுவி உண்ணுதல் போன்றவற்றை கூறலாம். இதில் சூழலுக்கேற்ப மாறக்கூடிய கற்றல் நடத்தையில் கருவி பயன்படுத்துதல், பயிற்சிகள் மூலம் தவறு குறைக்கப்படுதல் மூலமாக மாறுபாடுகள் வரலாம். கற்றலில் "வரையறுக்கப்பட்ட கற்றல்" என்பது சிறப்பானது. இம்முறை "நினைவில் பதித்தல்" (Imprinting) என்பதாகும். விலங்குகள் தம் சுய அனுபவம் வழியாகவும், மற்ற விலங்குகளை கவனித்தும் பல நடத்தைகளை கற்றுக்கொள்கின்றன, மேலும் அவற்றில் சில நடத்தைகள் மீண்டும் செயல்படுத்த எதுவாக மனதில் பதிகின்றன.

இதற்காக கே.லாரன்ஸ் என்ற விஞ்ஞானி "ஜாக்டா" என்ற காகத்தினை ஆய்வு செய்கையில், காக்கை குஞ்சுகளை கூண்டிலிருந்து வெளியில் எடுத்து அடையாள வளையங்கள் இடும்பணி செய்தார். ஆனால் அவை துவக்கத்தில் இவரைக்கண்டு அஞ்சி அலறின. ஆனால் மாற்றாக அவர் ஒரு கருப்பு உடை அணிந்து, மனித தோற்றத்தினை மறைத்து உரிய ஆய்வு செய்யும் பொழுது, காக்கைக்குஞ்சுகளிடமிருந்து எதிர்ப்பு வரவில்லை.

இவ்வாறு உயிரினங்களின் ஆரம்ப கால வாழ்க்கையில் குறிப்பிட்ட செயல்பாடு "நினைவில் பதியும் முறை" நடத்தையாக மாறினால், சிற்றினங்களை பொறுத்து, வாழ்நாள் முழுவதும் தொடர்ந்து, இறுதிவரை நிலைத்து நிற்கும் தன்மை உள்ளது. முதிர்ச்சி அடைந்த விலங்கின் சமூக, பால் நடத்தையினையும் பாதிக்கக்கூடியது. மேலும் நடத்தைகள் மரபு ரீதியாக பெற்றோரிடமிருந்து,

அடுத்த தலைமுறையினருக்கு ஜீன்கள் என்ற மரபணுக்கள் வழியாக கொண்டு செல்லப்படுகிறது. உண்மையாக இருந்தாலும் சில ஆதாரங்கள் மூலமாக உறுதி செய்ய முடிகிறது.

ஆண் மன்மத பூச்சி (Cypid.Fly) தனது இனப்பெருக்க கலவிக்கு முன்னதாக, பெண் பூச்சிகளுக்கு இரையினை கூட்டினை சுற்றி அமைத்து தரும், அக்கூட்டினை பெண்பூச்சி உணவுண்ணுகையில், ஆண் கலவி என்ற இனப்பெருக்க செயலை பாரம்பரியமாக மேற்கொள்கிறது. சிலதேனிகள் கூட்டினை தூய்மையாக வைத்துக் கொள்ளும் நடத்தையும் அவ்வாறே நடைபெறும். அகப்போர்னிஸ் சிற்றினத்தைச் சேர்ந்த, காதல் பறவைகள் கூடுகட்ட இலை துண்டுகளை சில தமது வால் மூலமாகவும், மற்றவை அலகிலும் எடுத்துச் செல்கின்றன. இவ்விரண்டு இனத்திற்குமிடையில் பிறந்த இனம் மேற்கொண்ட இருவிதமான நடத்தைகளையும் தாம் கூடுகட்டலின் போது செய்கின்றன.

நடத்தை பரிணாம கொள்கைக்கான போதுமான நேரடி ஆதாரங்கள் இல்லை. மறைமுகமான ஆதாரங்கள் உள்ளன. உறுப்பு தகவமைப்பு, தரப்படுத்தப்பட்ட நடத்தை வகைகள் பல்வேறு முறைகளாக வளர்ச்சி அடைந்து தனிப்பட்ட விலங்குகள் வாழ உதவுகின்றன. “போல செய்தல்” (Minicry), அசைவில்லாமிருத்தல், உடல் உப்பி எதிரியினை பயமுறுத்தல், பூச்சிகளின் இயற்கை பகுதியில் வண்ண மாற்றம் போன்ற நடவடிக்கைகள், சமூக விலங்குகள் தம் இனம், பிற இனத்திற்கு செய்யும் உதவிகள் போன்ற நடத்தைகள் பாரம்பரியமாக நடைபெறுகிறது.

ஒவ்வொரு நடத்தையும் உருவாக “மூடு” எனப்படும், நோக்கத்தினை அடிப்டையாகக் கொண்ட உந்துதல் (Mood) ஏற்படுதலே, நடத்தைகள் விலங்குகளில், பறவைகளில் உருவாக காரணமான நுண்ணிய இயங்கம்ப்புகளின் தொடர்நிகழ்வுகள் நடத்தையினை உருவாக்குகிறது.

3

எல்லாமே தலையெழுத்துப்படிதான்

“எல்லாமே தலையெழுத்துப்படிதான்” என்ற வழக்குச் சொற்றோடரை, நாம் நம் வீடுகளில் பெரியவர்கள் சொல்ல கேட்டிருக்கலாம். உண்மையில் தலையில் என்ன எழுதியிருக்கு? யார் எழுதினார்கள்? அதை யார் படிக்க இயலும்? இது எதுவுமே உண்மையில்லை. எல்லா மனிதர்களுக்கும்,முதுகெலும்புள்ள உயிரினங்களுக்கும் தலைக்குள், மூளை என்ற தலைமைச் செயலகம் பல்வேறு பகுதிகளாகவும், மிக நுண்ணிய நியூரான்கள்,என்ற நரம்பு செல்கள்தான் எண்ணிலடங்காமல் இருக்கின்றன. அந்த நரம்பு செல்களின் செயல் தான் ஒரு உயிரினத்தின் அனைத்து செயல்பாடுகளை இயக்க கண்காணிக்க, கட்டுப்படுத்தும் விதமாக அமைந்துள்ளது.

உயிரினங்களின் அனைத்தும் “தூண்டலை” சுற்றுசூழலிருந்து பெற்று அதற்கேற்ப “துவங்க” மாற்றம் அடைகிறது. தூண்டலின் மூலமாக பெறப்படும் தகவல் மட்டுமே நரம்பு மண்டலம் மூலமாக ஒருங்கிணைக்கப்படுகிறது. எல்லா செயல்பாடுகளுமே, தொலைக்காட்சி காணுதல், நடைபழகுதல், சீட்டு விளையாடுதல் மற்றும் தூங்குதல் இவை அனைத்துமே பாலூட்டிகளின் மூளை அல்லது முதுகு தண்டுவடம் பகுதியில் வைக்கப்பட்டிருக்கும் குறிப்பிட்ட நியூரான்களின் சிக்கலான அமைப்பினை நம்பிதான் நடைபெறுகிறது. உலகின் மிகச் சிறந்த கணினி என்பது மனித மூளையேயாகும்.

150 ஆண்டுகளுக்கு மேலாக விஞ்ஞானிகள் தொடர்ந்து மூளையின் பல்வேறு பகுதிகள் என்ன, எப்பொழுது, ஏன், எப்படி, என ஆய்வு செய்து கொண்டேயிருக்கிறார்கள். எனினும் மூளை மனிதனுக்கு மட்டும் உரியதல்ல.

மிகத்தொன்மையான உயிரினங்களான மண்புழு கூட சிறு நரம்பு வளையம், அவ்விலங்கின் முற்பகுதி கண்டங்கள் பகுதியில் அமைந்துள்ளது. மேலும் மனிதர்களை விட, சில விலங்குகள் தமது அதிசய செயல்பாடுகளில் உயர்வாகவே விளங்குகின்றன. ஆம் மிகத் தொலைவு உடைய அதிசயத்தக்கது வலசை போகும் மீன்கள், பறவைகளின் திறனும், நாய்களின் மோப்ப உணர்வு மற்றும் நம்மால் கேட்க இயலா ஒலிகளைக்கூட நம் செவியால் கேட்கும் திறனும் நம் மனிதர்களுக்கு கிடையாது. எனினும் மனித மூளையின் மேற்புற "செரிப்ரல் கார்டெக்ஸ்" எனப்படும் பெரு மூளைப்புறணி உடல் அமைப்புக்கேற்றவாறு, அகன்று காணப்படுகிறது.

உண்மையில் மனித மூளை செயல்பாடுகள் மிகவும் அதிசியத்தக்கது! தெரியுமா? ஒரே நேரத்தில் நமது உடல் சார்ந்த பல அலுவல்களையும் மேற்கொள்ளும் சமயத்தில் மூளையில் சிந்தனையினை ஏற்படுத்திக் கொண்டே இருக்கக்கூடியது. ஒரு ஆசிரியர் வகுப்பறையில் பாட உரை நிகழ்த்திக் கொண்டே, பாடத்திற்குரிய படத்தினை வரைந்து காண்பித்தல், தன் உறுப்புகளின் செயல்பாடுகள், உடல் தோற்ற அமைவு, வகுப்பிலுள்ள மாணவர்களின் கவன செயல்பாடு பதிவு செய்தல் இவையணைத்தும் ஒருங்கிணைத்து அவரின் மூளை செயல்படுத்துகிறது.

அன்பின் மிகுதியாலும், காதலின் அதீத விருப்பத்தினால் கூட மனிதர்கள் இதயம் என்ற உறுப்பினை அதிகமாக புகழ நாம் கேட்டிருக்கிறோம் அல்லவா? "இதயத்தை இழந்துவிட்டேன்" எனவும், இதயம் தான் உணர்வுகளை வெளிப்படுத்துவதாக கவிதை, பாடல்களில் அறிவியல் பூர்வமற்ற மிகைப்படுத்தலை நாம், ரசித்து வருகிறோம்! ஆனால் உண்மையில் மூளை என்ற மிகத்திறன் வாய்ந்த உறுப்பு தான் நம் அனைவரின் காதல், வீரம், கோபம்ம் பசி, காமம், உடற்செயல்பாடுகள் எல்லாவற்றிக்கும் காரணமாகும் என்பதை அறிய உலக மக்களுக்கே பல நூற்றாண்டுகள் ஆனது என்பது ஆச்சரியமாகும். பிளேட்டோ என்ற அறிஞர் விருப்பம் என்பதனை இதயத்திலிருந்து வருவதாகவும், காரணம் என்பது மட்டும் மூளையிலிருந்து தெரிவிப்பதாகவும், பசி என்பது இரைப்பையிலிருந்து அறியப்படுவதாக கூறினார். அரிஸ்டாட்டிலும் இதயத்தினை மனது எனவும், அதனை குளிர்விக்க முளைப்பகுதி உள்ளதாக கூறினார்.

1700 (BC) ஆண்டில் தான் தலையில் அடிபட்டால் ஊனம், பார்வையிழப்பு வருவதாக வரலாற்றில், எகிப்திய பாப்ரஸ் நூலில் பதிவு செய்யப்பட்டது. பாலூட்டிகளின் நரம்பு மண்டலம், மத்திய நரம்பு மண்டலம் (தண்டு வடம்

மூளை) எனவும், புறஎல்லை மற்றும் தானியங்கி நரம்பு மண்டலம், உணர் உறுப்புகளுடன் இணைந்தது ஆகியன கொண்டவையாகும்.

மூளையிலுள்ள முன்மூளை அல்லது புரோசென் செபலான், ஹைபோ தாலமஸ், நடு மூளை என்ற மீசென் செபலான் மற்றும் 1 பின் மூளை எனப்படும் பகுதிகளாக பிரிக்கப்படலாம். முன் மூளையில் செரிப்ரம் அல்லது பெருமூளை புறணிப்பகுதி அதிக மடிப்புகளை உடையது. இங்குதான் “கிரேமேட்டர்” எனப்படும் பகுதியாக அதிக நியூரான்களை கொண்டுள்ள இடமாகும்.

முன் மூளைப்பகுதி நான்கு பிரிவு கதுப்புகளாக பிரித்தால் “நெற்றிப்பகுதி கதுப்பு” (frontal lobe) தான் நமது கற்றுக்கொண்ட திறன்மிக்க தசை செயல்பாடுகளை இயக்குகிறது தெரியுமா? சிதார் இசைக்கருவி வாசிக்கிறீர்களா, உங்க நண்பர் விமானம் ஓட்டுறாரா? உங்கள் குழந்தை அழகாக நடனமாடுகிறாளா? இதை எல்லாத்தையும் செயல்படுத்தி சிந்திக்க வைத்து திட்டமிடுதல், உணர்ச்சி வசப்படவைத்தல், ஆளுமைதிறன் உருவாக்கல் அறிவுத்திறன், நினைவு இந்த நடத்தைக்கெல்லாமே நெற்றிக்கதுப்பு தான் காரணமாக உள்ளது.

வெப்பத்தை தொட்டதும் உணர்தல், வலி அழுத்தம், உடலின் நிலைப்பு இந்த செயலையெல்லாம் கட்டுப்படுத்துவதும் உணர்த்துவதும் பெருமூளையின் பக்க கதுப்பு (Parietal lobe) நீங்க பார்க்கின்ற பொருளின் வடிவம், அளவு, வண்ணம் ஆகியவற்றை பிடரிமேல் கதுப்பு மூலம்தான் (Occupinal) தெரிஞ்சிக்க முடியும்!

பெரு மூளையின் கன்னப்பகுதி மடல் (Temporal lobe) தான் மிக முக்கியமானது. கேட்டல், முகர்தல், சுவையறிதல் என்ற உணர்வு புலன் உறுப்புகளை இயக்குதல், பணிகளை மேற்கொள்ளுகிறது.

ஒவ்வொரு மனிதனின் மூளையும் இரு அரைக்கோளங்களாக பிரிக்கப்பட்டு, “கார்பஸ் கலாசம்” எனும் திசுவால் இணைக்கப்பட்டுள்ளது.

இடது பக்க அரைக்கோளம், வலதுபுற மூளையினையும், வலதுபக்க அரைக்கோளம் இடதுபுற மூளையினையும் கட்டுப்படுத்துகிறது! இடது அரைக்கோளம் தாம் நாம் கனக்குப் பாடமோ, மொழி அறிவியல் பாடமோ நன்றாக படிக்க தூண்டும்! திட்டமிடுதல், வலது கை மூலம் தொடுதலையும் இடது பகுதியே கண்காணிக்கிறது. நாம் பாடல் பற்றி தெரிந்து கொள்ள, இசையறிய, கலைத்தன்மை பாராட்ட நடனமாட, புரிந்து கொள்ளுதல் எல்லாவற்றிற்குமே, வலது அரைக்கோளம் தான் ஆணையிடுகிறது! தெரியுமா?

அடிப்புற நரம்புசெல் முடிச்சு ஒவ்வொரு பக்க மூளை அரைக்கோளத்திலும் சிறு, சிறு அணுக்கூட்டங்களாக குழுவாக ஒன்றிணைந்து காணப்படுகிறது. இம்முடிச்சுதான் மூளைப்பகுதிகளை நம் உடல் செயல்பாடுகளை கட்டுப்படுத்தும் பணியினை எடுத்து செல்கிறது.

ஹைப்போதலமஸ் என்ற மூளைத்தண்டு, மனித மூளையின் மிக முக்கியமான பகுதி, மிக சிறிய பகுதி, பிட்யூட்டரி என்ற நாளமில்லா சுரப்பிக்கு மேலே உள்ளது! மனித வாழ்வின் மிக முக்கியமான வாழ்தல், மகிழ்ச்சி அனுபவித்தல் என்ற செயலியை உருவாக்குகிறது. மனமும், உடலும் ஒருங்கிணைய இப்பகுதி உதவுகிறது. நரம்பு மண்டலத்தினையும் நாளமில்லா சுரப்பிகளையும் இணைக்கும் பகுதி ஹைப்போதலமஸ் ஆகும். "மூடு" எனப்படும் நோக்கத்திற்கான உந்துதல், உணர்வின் செயல்பாட்டுக்கும் இது முக்கிய பங்காற்றுகிறது.

"ஹைப்போதலமஸ்" தான் நாம் ஒழுங்காக சரியான உணவு, அதிகமாக, குறைவாகவோ சாப்பிடவும், தண்ணீர் குடிக்கவும் முக்கிய பொறுப்புடன் செயல்படுத்துகிற பகுதி, இங்குள்ள நியூரான்களை, குறிப்பாக பக்கவாட்டு பகுதியினை, மின்னணு தூண்டில்களால் தூண்டினால் உணவைத்தேட, விலங்குகள் பதட்டமடையும், கிடைத்த உணவினை உடனே உண்ணுகின்றன,

சில மனிதர்களின் அதிக உணவை உண்ணும் பழக்கம் உடல் பெருத்தலுக்கு காரணம், ஹைப்போதலமஸ் பக்கவாட்டு பகுதியின் உணவூட்டும் மைய தூண்டலே காரணம், இப்பகுதியினை சற்று சிதைத்து விட்டாலோ மனிதனுக்கு பசி எடுக்காது! உணவுத் தேவையும் குறைந்துவிடும். நோய்வாய்ப்படும் நிலை ஏற்பட்டுவிடும்! தெரியுமா?

"ஹைப்போதலமஸ்" பகுதி முன்புறம், அத்துடன் இணைந்த பிட்யூட்டரி சுரப்பியினை உரிய காலத்தில் சுரக்க வைத்து விலங்குகளிலும், மனிதர்களிலும் இனப்பெருக்க செயல்பாடுகளை ஒருங்கிணைக்கிறது. தெரியுமா?

நமக்கும், விலங்குகளுக்கும், மகிழ்ச்சி, வலி, வருத்தம், தண்டனை ஏற்படுத்துவதும் இதே ஹைப்போதலமஸ் உறுப்பின் பின்பகுதிதான், கோபம், தப்பித்தல், தூக்கம், நடத்தல் உணர்ச்சி வசப்படுதல் போன்ற நமது குணாதிசயங்களை உருவாக்கி செயல்பட வைப்பதும் "ஹைப்போதலமஸ்" மூளைப்பகுதிதான்!

நடுமூளை அனைத்து நரம்பு செல்களின் இயக்க இணைப்பு பகுதியாக செயல்படுகிறது. இவை சிறுமூளை, முகுளத்தினையும் இணைக்கிறது.

பெரு மூளையிலிருந்து நம் உடல் செயல்பாட்டு, நடத்தை கண்காணிப்பு, கட்டுப்பாடு எல்லாமே அதன் பகுதிகளாக நடுமூளை, பின்மூளை, "மெடுல்லா" "ஒப்லாங்கேடா" என்ற முகுளம் எல்லாமே தண்டு வட நரம்புகளுடன் இணைந்து செயல்பட்டால் தான் சிறப்பாக இருக்கும் என்பது உண்மை!

நடத்தை என்ற அன்றாடநிகழ்வுகளை விலங்குகளிலும், நம் மனித இனத்திலும் உருவாக்க, செயல்படுத்த, கண்காணிக்க, கட்டுப்படுத்த மூளையுள்ள

தலை மிக முக்கியமான உறுப்பேயாகும். "எண்சாண் உடம்புக்கு சிரசே பிரதானம்" என்ற முதுமொழி அறிவியல் வளர்ச்சி தோன்று முன்பு நம் முன்னோர்களால் வழங்கப்பட்டு வந்தது. நாம் அறிவோம்! "எல்லாம் தலையெழுத்துப்படிதான்" என்றால், தலைக்குள் உள்ள மூளையின் நியூரான்கள் செயல்படும் விதமேயாகும். அதனை நெறிப்படுத்தி, சீராக வாழ்க்கை அமைய, சூழலும், பாரம்பரியமும், முக்கிய காரணிகளாக விலங்குகளுக்கும், மனிதனுக்கும் அமைகிறது என்றால் மிகையல்ல!

4

"கெமிஸ்ட்ரி" ஒர்க் அவுட் ஆகணும்....

இரு நபர்களுக்கிடையில் சிறந்த உறவு ஏற்பட " "கெமிஸ்ட்ரி" ஒர்க் அவுட் ஆகணும்" என்று நாம் பேசக் கேட்டுள்ளோம், இல்லையா? சிறந்த தொடர்பு, ஒத்துபோகுதல், தகவல்களின் தெளிவான பரிமாற்றம் உணர்வுகள் தெரிவித்தல் ஆகிய நடத்தை செயல்பாடுகள் முறையாக உருவாக கெமிக்கல்ஸ் (அ) வேதிப்பொருட்கள் தான் விலங்குகளுக்கும் மனிதர்களுக்கும் காரணம் தெரியுமா!

விலங்குகளின் உடலில் உள்ள சில சுரப்பிகளிலிருந்து உருவாகும் வேதிப்பொருட்களின் மணமே அவ்விலங்குகளுக்கிடையில் வேதிப்பொருள் திரவம் (Pheromones) தொடர்புகளை உருவாக்க பயன்படுகிறது. இதனை ஹெடிகர் (1949) என்ற விஞ்ஞானிமுதன் முதலில் கண்டுபிடித்தார். 1959 ல் "பிரோமோன்" என அதற்கு பெயர் சூட்டப்பட்டது. முன்னாளில் புற ஹார்மோன்கள் எனவும் அழைக்கப்பட்டது. இத்திரவம் சிறப்பு வெளிப்புற சுரப்பிகளால் சுரக்கப்பட்டு உமிழ்நீர், சிறுநீர், மலம் வழியாக வெளியேற்றப்படுகிறது.

முதுகெலும்பற்ற உயிரினங்களின் மறைவு வாழ்வில் ஃபிரோஃமோன்கள் என்ற திரவங்கள் முக்கிய பங்கு வகிக்கின்றன. குறிப்பாக பூச்சியினங்கள் தங்கள் உடல் செதில் மூலம் ஃபிரோமோன் உற்பத்தி செய்கின்றன.

ஆண்டரகோனிகா என்ற இச்செதில் பூச்சிகளின் சிறகுகளில் உள்ளன. இது மணத்தை உண்டாக்குகின்றன.

தேனிப்பூச்சிகளில் மாண்டிபுலார் என்ற வயிற்றுப்புற சுரப்பியின் பிரோமோன்களும், ஆண்தேனீக்கள் பெண் தேனீக்களின் பாலுறவுக்கு உதவுகிறது. ராணித்தேனீயின் பிரோமோனில் உள்ள "9 ஆக்டி சோடி சினாயக்" அமிலத்தின் மணம், 8000 வேலைகாரத் தேனீக்களை இயக்கி பணி செய்ய வைத்து ஏறத்தாழ 8 ஆண்டுகள் கூட்டினை நிர்வகிக்கிறது என்றால் வியப்பாக உள்ளதல்லவா!

1961 ஆம் ஆண்டில் ஜெர்மனி நாட்டில் நடந்த ஆய்வுப்படி, "எம்பரர் மாத்" என்ற பெண் பூச்சி தன் பாலுணர்வு கவர்ச்சி ஹார்மோன்களை 13 கி.மீ சுற்றளவிற்கு பரப்பும் தன்மை கொண்டது என்றால் ஆச்சர்யமாக உள்ளது. "ஹார்டோபிட்டோ" என்ற ஆண்பூச்சி தனக்கு இரை கிடைத்தப் பின்னர் உணவினை பகிர்ந்துக் கொள்ள பெண்பூச்சிக்கு ஃபீரோமோன்" மூலம் தகவல் அனுப்பி, அதனை வரவழைத்து இருவரும் உண்ட பின்னர் இனப்பெருக்க செயலில் ஈடுபடும் செயல் அதிசயமானதல்லவா?

பொதுவாக சமூக உயிரினங்களில் மிகச் சிறு முதுகெலும்பற்ற உயிரினங்களான எறும்பு, பூச்சிக்கள், தேனீ, கரையான்கள் போன்றவற்றின் வாழ்க்கையில் சிற்றினத்திற்குள் தொடர்பு, காலனி நிர்வாகம், வேலைப்பகிர்வு ஆகிய செயல்பாடுகளில் ஃபிரோஃமோன்கள் பங்கு வகிக்கிறது. முதுகெலும்புள்ள விலங்குகளில் ஃபிரோஃமோன்கள் தம் முக்கிய நடத்தைகளை, அவற்றின் மணம், நெடி மூலமாக செயல்படுத்துகின்றன. மூஞ்சுறு, எலி, கழுதைப்புலி, கருவால்மந்தி, புலி, காண்டாமிருகம், நீர்யானை, குரங்கு, சிறுத்தை, முள்ளம்பன்றி, மரநாய், பூனை, நாய் ஆகியவை எல்லை காணுதல், இனபெருக்கத்துணை, வாழிடம், குட்டிகள் போன்றவற்றை அறிந்துகொள்ள பயன்படுகின்றன. இபிரோமொன் திரவங்கள், சிறுநீர், மலம், உமிழ்நீர் வழியாக வெளியேற்றப்படுகின்றன.

நீர்யானை தனது வாழ்விடத்திலிருந்து, புல் மேய்ச்சல் பகுதி வரை, மலைக்கழிவான சாணத்தினை பாதை முழுவதும் வாலினை அசைத்து சிதறடித்து செல்கின்றன. புலி, நீலப்பசு, காண்டாமிருகங்கள் போன்ற விலங்குகள் ஓரிடத்திலேயே மலைக்கழிவுகளை குவிக்கின்றன. இவ்வாறு செய்வதன் மூலம் அவற்றின் எல்லைகள் குறிக்கப்படவும், வேற்றின விலங்குகள் விலகிச் செல்ல உதவுகின்றன. நாய், நரி, மரநாய், துருவ பூனைகள் இதே செயலை மேற்கொள்ளுகின்றன. ஆஸ்திரேலிய பாலூட்டிகள் தமது இனப்பெருக்கப் புழைப்பகுதி சுரப்பிகளின் பிரோமோன்களை சுரக்கின்றன. அதிரவத்தினை, எல்லை குறிக்க, உணவு வழி அடையாளம் காண பயன்படுத்துகின்றன.

ஆசிய ஆண் யானைகள் தமது நெற்றிபகுதி சுரப்பிகள் வெளியிடும் பிரோ:.மோன்கள் பாலுணர்வினைத் தூண்டி பெண் யானைகளை தேடும்நிலை ஏற்படுவதாக, கலிபோர்னியா அறிவியலறிஞர் ஜே.ஆடம்ஸ் தெரிவிக்கிறார்,உமிழ்நீர் மூலமாகவும் கரடி, நாய், பன்றி, எலிகள் பிரோ:.மோன்கள் வெளிப்படுவதாக அறியப்பட்டுள்ளது.

பெண் எலி தன் முலைக்காம்புகளை எச்சில் படுத்தி, சிறு குட்டிகளை பால்குடிக்க தூண்ட செய்கின்றன. ரோமான் என்ற ஐரோப்பிய மானினம், ரெட்பிராக்கெட் என்ற ஆண்மான் ஆகிய இனங்களில் முறையே கண்ணுக்கு கீழ் உள்ள சுரப்பிகள், கொம்புகளின் கீழ் உள்ள சுரப்பிகள் பிரோமோன் திரவத்தினை சுரக்கின்றன. மொத்தத்தில் உலகின் பல்வேறு பகுதியிலுள்ள, வெவ்வேறு விலங்குகளில் பல்வேறு உறுப்புகளின் அருகில் சுரக்கும் பிரோ:.மோன்கள் உயிரினங்களின் முக்கிய செயல்பாடுகளில் பங்கு வகிக்கின்றன.

பிரோ:.மோன்கள் நடத்தையின் உருவாக்க முதலில் நரம்பு மணடலத்தினை தூண்டுகிறது, இதனை "வெளிப்படுத்தும் மாற்றம்" எனவும் பிரோமோன்களே விலங்கின் உடற்செயலில் மாற்றம் ஏற்படுத்தி, நடத்தையினை உருவாக்குவது "முக்கிய மாற்றம்" எனவும் அழைக்கப்படும். 1970 ஆம் ஆண்டுக்குப் பிறகுதான், பிரோ:.மோன்கள் விலங்குகளில் ஏற்படுத்தும் மாற்றங்கள் பற்றி ஆய்வுக்கு பிறகு அறியப்பட்டது. தீமை தரும் பூச்சிகள் விவசாயத்திற்கு ஏற்படுத்தும் அழிவினை கட்டுப்படுத்த பிரோ:.மோன்கள் மூலமாக "கவர்ச்சிப் பொறி" உருவாக்கி, பூச்சிகள், வண்டுகளை கவர்ந்திழுத்து அழிக்க வணிக மயமாக பூச்சி கொல்லி மருந்துகள் உருவாக்கப்பட்டன.

மனித இனத்திலும், பாலுறவு நடத்தைக்கும் உடல் திரவ மணதிற்கும் தொடர்புள்ளது. 1905 எல்லிஸ் என்பவர் தெரிவித்தார். 1971 ஆம் ஆண்டில் மாக்ளின்டாக் என்ற விஞ்ஞானி 135 மகளிர் மாதவிடாய் சுழற்சி, செயல் நாட்களை குறிப்பு எடுத்து ஆராய்ந்தார். ஆண்களுடன் இருக்கும் பெண்களுக்கு குறுகிய கால மாதவிடாய் சுழற்சி இருப்பதாகவும் அதற்கு குறிப்பிட்ட ஆண் உடல் பிரோமோன் மணம் தான் காரணமாக கூறப்பட்டது. மனித பெண் பிறப்புறுப்பில் சுரக்கும் "கோபுலின்" பிரோமோன் திரவம் இனப்பெருக்க கலவியினை தூண்டுவதாக கண்டுபிடிக்கப்பட்டது. இங்கிலாந்தில் உள்ள வார்விக் பல்கலை கழக பேராசிரியர். டாக்டர் ஜார்ஜ் டோட் என்பவர் எக்ஸ் ஆண்ட்ரோஸ்டிரால் என்ற வேதிப்பொருள் ஆண் உடலில் உள்ளது எனவும் அது பெண்களை கவரக்கூடியது என்றார். இதன்முலம் ஆன்ரோன் வாசனை திரவம் தயாரிக்கப்பட்டது. பிரோ:.மோன்கள் தாய்-சேய் பாசப்பிணைப்பில் இனம் கண்டறிய பயன்படுகிறது.

வரலாற்று சம்பவம் ஒன்றில் மாவீரன் நெப்போலியன் தான் போருக்குச் சென்று திரும்பும் வரை, தன் உடல் சார்ந்த உணர்வுகளை மனைவி

இழந்துவிடக்கூடாது என்பதற்காக, அவளைக் குளிக்கக் கூடாது என ஆணையிட்டு சென்றதாக கூறப்பட்டுள்ளது. ஒருவேளை இதற்கு பிரோமோன்களே காரணமாக இருக்கலாம். சமீபத்தில் டோக்கியோ பல்கலைக்கழகத்தில், உயிரியில் துறை விஞ்ஞானிகள் எலிகளுக்கு மரபணு மாற்றம் செய்து, பாரம்பரியமாக பூனைக்கு அஞ்சிய எலிகளை (பிரோமோன் சுரப்பு நுகர்வு மூலம்) அஞ்சாமலிருக்கிற நிலையினை உருவாக்கியுள்ளார். எனவே இனக்கவர்ச்சி மட்டுமல்ல, அஞ்சுதல், எதிரி உணர்தல் போன்ற நடத்தைகளுக்கு ரோமோன்களின் சுரப்பு காரணமாக இருக்கின்றன என்பது அறியப்பட்டுள்ளது.

சாதாரணமாக வீட்டு விலங்குகளான நாய், கால்நடைகளை கூட தன்னுடைய புதிய என்ற குட்டிகளை உடனடியாக எடுத்து முகர்தல் வழக்கமாக நாம் காணக் கூடிய காட்சியாகும். ரீசஸ் செம்முகக் குரங்குகள் இனத்திலும், மகப்பேற்றிக்குப்பிறகு, தாய் தனது ஈன்ற குட்டிகளை உடன் எடுத்து கைகளால் நீவிவிட்டு, நாக்கினால் நக்கி, உமிழ்நீர் சுரப்பி மூலம், பிரோஃமோன்கள் வழி தனது பிணைப்பினை உறுதி செய்த நிலை ஆய்வுகளில் பதிவு செய்யப்பட்டுள்ளது.

பிரமிப்பூட்டும் பிரோஃமோன்கள் என்பது வேதிப்பொருள் கலந்த திரவமாக இருந்தாலும், தற்காலத்தில் வாசனை திரவியங்கள் செய்யவும், விவசாயத்தில் தீமைதரும் பூச்சிகளை அழிக்க அவை வெறுக்கும் மணம் கலந்த பிரோஃமோன்கள் மூலம் பூச்சி கொல்லி மருந்துகள் தயாரிக்கப்படுகிறது. வனவிலங்குகளை, விலங்கு காட்சியங்களில், இனப்பெருக்கம் செய்யும் திட்டங்கள், தடய அறிவியல் (Forensic Science) காவல் துறையில் குற்றங்களை கண்டுபிடிக்க பயிற்சி அளிக்கப்பட்டும் நாய்கள் (மோப்ப உணர்வு செல்கள் 200 மில்லியன் உள்ளது.) ஆகியவற்றிலும் பிரோஃமோன்களின் பங்களிப்பு அதிகம் உள்ளது.

“கெமிஸ்ட்ரி ஒர்க் அவுட்” ஆகும் நிலையில் பிரோஃமோன்கள் உரிய காலத்தில் விலங்குகளிலும், மனிதர்களிலும் வாழ்க்கை சிறக்கவும், சந்ததியினை பேணவும் உதவுகிறது என்றால் மிகையல்ல.

5

நேற்றுவரை நினைக்கலையே......

சாதாரணமாக, நேற்றுவரை அமைதியாக அப்பா, அம்மா சொல்படி நடந்து வரும் எட்டாம் வகுப்பு படிக்கும் மகனோ, மகளோ திடீரென்று பெற்றோரிடம் சற்று வித்தியாசமாக பழகுதலைக் கண்டிருக்கிறோம். ஆம் தீடீரென்று ஒரு சின்ன நடத்தை வீட்டைவிட்டு வெளியில் அதிக நேரம் நண்பர்களுடன் பழகுதல், கண்ணாடியில் அடிக்கடி முகம் பார்த்து தன்னை சீர் செய்து கொள்ளுதல், உடன் பெற்றோர் மகனை, மகளை எதிரிபோல் நினைத்து “வர வர உன்போக்கு சரியில்லை” என்பது குடும்பங்களில் கேள்விப்படும் வசனம் தான்! ஆனால் “பதின்மப்பருவம்” (Teenage) நெருங்குகையில் உடலிலும், உள்ளத்திலும் மனித இனத்தில் மாற்றம் ஏற்படுகிறது என்பதனை நாம் உணரலாமே!

ஆம். விலங்குகளும், மனிதர்களும், “நேற்று வரை நினைக்காத” ஒரு புதிய நடத்தையினை பின்பற்றக் காரணம் “ஹார்மோன்கள்” ஆகும். விலங்குகள் அவற்றின் நடத்தையினை முழுமையாகச் செயல்படுத்த நரம்பு மண்டலம் மற்றும் ஹார்மோன்களின் தூண்டல் இயக்கம் அவசியம் என அறியப்பட்டுள்ளது.

ஹார்மோன்கள் (Harmones) என்ற இயக்கு நீர் மிக மெதுவாகவே தன் செயல்பாடுகளை துவங்கி நெடுங்காலம் நிலைக்கக்கூடியன. உடலின்

வெவ்வேறு உறுப்புகளை குறிப்பிட்ட காலத்தில் தூண்டுவதற்கான ரத்த ஓட்டத்தில் ஹார்மோன்கள் கலக்கின்றன. உடலின் நாளமில்லா சுரப்பிகளால் சுரக்கப்படும் இத்திரவம், விலங்குகளின் முக்கிய நடத்தைகளான இனப்பெருக்கம், கூடுகட்டுதல், வளர்ச்சி ஆகியவற்றை கண்காணித்து செயல்படுத்துகிறது.

1849 ஆம் ஆண்டில் ஏ ஏ பெர்ட் ஹோல்ட் என்ற விஞ்ஞானி பாலுணர்வு நடத்தைக்கும், இனப்பெருக்க உறுப்புக்களுக்கும் தொடர்பினை அறிந்தார். அதற்குப்பிறகு "நடத்தையும் நாளமில்லா சுரப்பிகளும்" என்ற தனிப்பகுதி ஆய்வுக்குட் படுத்தப்பட்டது. ஆம்! விலங்குகளின் இளமைகாலத்தில் இனப்பெருக்க உறுப்புகள் எவ்வித வளர்ச்சியுமற்று, முன் இனப்பெருக்க நடத்தையும் இனப்பெருக்க கலவி நடத்தையும் காணப்படவில்லை. ஆனால், முதிர்ச்சியடைந்த பின் மாற்றங்கள் துவங்குகின்றன மேலும் குறிப்பிட்ட பருவ காலத்தில் மட்டும் ஹார்மோன்கள் உயர்முதுகெலும்பு விலங்குகளில் சுரந்து பாலுணர்வு அதிகரித்தும், மற்ற நேரத்தில் குறைந்தும் காணப்படுகிறது,.

ஜாக்டா எனும் பறவையில் ஆண் பறவை விந்தக வளர்ச்சி 4 முதல் 1200 மி.மீ. வரை ஓராண்டில் வளர்ச்சி அடைவது விந்தையே! கூட்டமாய் வாழும் விலங்கினங்களில் இனப்பெருக்க உறுப்புகள் குறிப்பிட்ட வளர்ச்சி அடையும் வரை அமைதியாக உள்ளன. பின்னர் இனப்பெருக்க காலத்தில், அதிக பாலுணர்வு ஹார்மோன் சுரக்கையில் ஆண் விலங்குகள் கூட்டத்தை விட்டு பிரிகின்றன. பின்னர் பெண் விலங்குகளைத் தேடி, இனப்பெருக்க முன் நடத்தையினை அவற்றின் முன் நடனமாகவோ, பாடியோ, உடலை அசைத்து இனப்பெருக்க கலவி கொள்கின்றன.

ஹார்மோன்கள் மனித இனத்திலும் இத்தகைய மாற்றங்களை ஏற்படுத்தி "பதின்ம வயதில்" ஆணும், பெண்ணும் இனமறியா கவர்ச்சிக்குட்பட்டு, காதல் நடவடிக்கைகளில் ஈடுபடுவதை நாம் அன்றாடம் காணும் காட்சிகளாகும்!

எனினும் விலங்குகளிலும் பெண்கள் கருவுற்றபிறகு இனப்பெருக்க உறுப்புகள் சிறுத்து பாலுணர்வு ஹார்மோன்கள் குறையவும், பிட்யூட்டரி சுரப்பியிலிருந்து வேறு வகையான ஹார்மோன்கள் சுரந்து, குட்டிகளை பேணிக்காக்கின்றன. ஆண் விலங்குகள் தமது கூட்டத்துடன் இணைகின்றன.

விலங்குகளின் இரண்டாம் நிலை பால் பண்புகள், சிறகுகள் அல்லது தோலின் நிறம், இனப்பெருக்க முன்நடத்தை ஆகியவற்றில் ஹார்மோன்கள் நேரடியாக தம் பாதிப்பினை ஏற்படுகின்றன.(டெஸ்டோஸ்டிரோன், ஈஸ்ட்ரோஜன்) முரட்டுத்தனம், பயம், தப்பித்தல், சண்டையிடுதல் ஆகியவற்றில் அட்ரீனலின் ஹார்மோனும், கூடுகட்டுதல், முட்டையிடுதல், குஞ்சுகளை பெற்றோர் காத்தல் பண்புகளை ஆக்சிடோசின், புரோலேக்டின் ஆகிய ஹார்மோன்கள் உருவாகின்றன. ஆஞ்சியோ டென்சின் என்ற ஹார்மோன் இரத்த அழுத்தம்

உயர்த்துவதிலும், சிறுநீர் உற்பத்தி, மலம் கழித்தல் ஆகிய நடத்தைகளில் பங்கு வகிக்கின்றது. லூட்டினைசிங் ஹார்மோன் தாய்ப்பால் சுரப்பி தூண்டுதலிலும், பிரசவ காலத்தில் புரோலேக்டின் ஹார்மோன் அளவு உயர்ந்து பால் சுரத்தல் தூண்டலும், பிறந்த குழந்தை மார்பகத்தினை சப்புகையில் மூளையின் ஹைபோதாலமஸ் தூண்டப்பட்டு, ஆக்சிடோனின் ஹார்மோன் பிட்யூட்டரி சுரப்பியிலிருந்து சுரந்து பால் உற்பத்தி அதிகரிக்கிறது.

சில குறிப்பிட்ட நடத்தைகள் ஹார்மோன்களை சுரக்கச் செய்வதில் முக்கிய பங்கு வகிக்கிறது. பூனை, நாய் ஆகிய விலங்குகளில் பெண் பாலினத்தில் கலவி நடத்தைக்குப் பிறகு பிட்யுட்டரி சுரப்பிகள் சுரக்கும் ஹார்மோன்கள் உருவாக்குகின்றன. பாராதைராய்டு, கணையம், உணவு மண்டல கோலை சுரப்பிகளின் ஹார்மோன்கள் மறைமுக நடத்தைகள் விலங்குகளில் உருவாவதில் பங்கு வகிக்கின்றன.

ஆணட்ரோஜன்கள் எனப்படும் ஆண்பால் ஹார்மோன்கள் விந்தகம் என்ற ஆண் இனப்பெருக்க உறுப்பில் சுரக்கிறது. ஆண் இனப்பெருக்க உறுப்பு வளர்ச்சி, பாலுணர்வு நடத்தை, இரண்டாம் நிலை பால் பண்புகளான ரோம முளைத்தல், கொம்புகள், இயற்கை, வண்ணம் மாற்றம் ஆகியவற்றை பபூன்குரங்கு, சிங்கம், மான், பறவைகளில் உருவாக்குகின்றன. பெண் விலங்குகளில் புரோஜெஸ்ட்ரோன், எஸ்ட்ரோஜன் ஹார்மோன்கள் இதே நிலையை கருப்பை உருவாதல், பாலுணர்வு நடத்தை, பால் சுரப்பியின் சுரப்பு ஆகியவற்றில் முக்கிய பங்கு வகிக்கிறது.

பாலுணர்விற்கு மட்டும் தான் ஹார்மோன்கள் செயல்பாடா?... இல்லை, தீடீரென்று பயத்தினால் விரைவாக ஓடுவதும், உணர்ச்சி வசப்பட்டு சண்டையிடுதலும் கூட ஹார்மோனால் தான் ஏற்படுகிறது! ஆம் அட்ரீனலின் என்ற சிறுநீரகத்திற்கு மேலுள்ள அட்ரீனல் சுரப்பியின் திரவத்தினால், நரம்புமண்டல துணையோடு பயம், பறத்தல், சண்டையிடுதல் என்ற உடனடி நடத்தையின் உருவாக்கும் மனிதர்கள் மட்டுமல்ல, விலங்கினங்களிலும், டெஸ்டோஸ்டிரோன் ஹார்மோன் உடன் இணைந்து அட்ரீனலின் (அ) எபிநெப்ரின் சுரப்பு நெருக்கடி கால நடத்தைகள் உருவாக்குகிறது. இதேபோல் தலைமை சுரப்பியான பிட்யூட்டரி சுரப்பி விலங்கு வளர்ச்சியினை தூண்டவும் உடல்புறத் தோற்றம், செயலியல் மாற்றங்கள் உருவாக்கவும் வளர்ச்சி ஹார்மோன் அல்லது சோமடோ டிரோபிக் ஹார்மோனை சுரக்கிறது.இவ்வகை ஹார்மோன்கள் அதிகம் சுரந்தால் ராட்சத வளர்ச்சியும், குறைவாக சுரந்தால் குள்ள தன்மை வளர்ச்சியும் ஏற்படும். தைராய்டு சுரப்பி, அட்ரீனல் சுரப்பி, விந்தக, அண்டக சுரப்பிகளை தூண்டும், அவற்றின் திரவங்களை சுரக்கச் செய்து விலங்கின ஒட்டு மொத்த செயல்பாட்டினை பிட்யூட்டரி சுரப்பி மேற்கொள்கிறது.

ஹார்மோன்கள் என்ற நாளமில்லா சுரப்பிகளிருந்து சுரக்கும் இத்திரவம், விலங்குகளின் பெரும்பான்மையான நடத்தை மாற்றங்களை, செயலினை உருவாக்குகிறது. குழுவிலங்குகளிருந்து, குறிப்பிட்ட வயதில் முதிர்ச்சி அடைந்த ஆண் விலங்குகள் வெளியேறி, தமக்கென்று எல்லை வகுத்துக் கொள்கின்றன. இனப்பெருக்கத்திற்கு முன்னதாக ஏற்படும் “களவொழுக்கம்” (Courtship) எனப்படும் காதல் நடத்தை, கலவி நடத்தை, கூடு கட்டுதல், பெற்றோர் பராமரிப்பு, உணவீட்டம், வளர்ச்சி, குழுவில் ஆளுமை போன்ற பல்வேறு நடத்தைகளையும் உருவாக்கி, கண்காணிப்பதிலும், கட்டுப்படுத்துவதிலும் மிக முக்கிய பங்கு வகிக்கின்றது.

நரம்பு ஒருங்கிணைவுடன், ஹார்மோன்களின் தூண்டுதலும், மனித வாழ்க்கையில் இனப்பெருக்க முதுர்ச்சி, வளர்ச்சி, வளர்ச்சிதை மாற்றம் போன்ற வயது முதிர்ந்த உடல், உள்ள நடத்தைகளை உருவாக்குகிறது. ஒவ்வொரு விலங்கிலும் முதிர்ச்சி அடைந்தபிறகு “நேற்றுவரை” நடக்காத மாற்றங்கள் ஹார்மோன்களாலேயே உருவாகிறது!

6

கால, காலத்திலே!.....

கரெக்டா! இவனுக்கு மத்தியானம் 12:30 மணிக்கு பசி வந்துடுமே! என்று நம்மில் பலரை கேலி செய்வதும், இரவில் குறிப்பிட்ட நேரத்தில் நம் உடல் உறங்கத்தயாராவது, அதிகாலையில் எழுந்து கொள்வது நம் மனித உடலின் அதிசய காலகடிகை செயல்பாடேயாகும். சுற்று சூழலின் நிலையுடன், உடற்செயல்பாடுகள், குறிப்பிட்ட கால, நேரத்தில் அவ்வப்போது மாற்றத்தினை ஏற்படுத்தி கொள்வது பற்றி அறிவது கால உயிரியல் (Cronobiology) ஆகும். உலகெங்கிலும் பல்வேறு ஆய்வுகள் நடைபெறும் இத்தகைய "காலமுறை உயிரியியல்" பற்றிய மிக ஆழமான, சிறந்த ஆய்வுகளை மேற்கொண்டவர், ஐக்கிய அமெரிக்கா நாட்டில் உள்ள மின்னசோட்டா பல்கலைக்கழக பேராசிரியர் பிரான்ஸ் ஹால்பெர்க் ஆவார். இவர் கால உயிரியலின் தந்தை என அழைக்கப்படுகிறார்.

பிரான்ஸ் ஹால்பெர்க் ஏறத்தாழ 50 ஆண்டுகள் காலமுறை உயிரியியல் ஆய்வுக்கு தம்மை அர்பணித்துள்ளார்.இவ்வுரியியல் மருத்துவத்துறையில் நரம்பு நாளமில்லா சுரப்பியல், நோய் தடுப்பியல், மனோதத்துவ இயல், புற்று நோயியல், சிசு மருத்துவம், மகளிர் மருத்துவம், குழந்தை மருத்துவம், முதுமை மருத்துவம் போன்ற பல்வேறு பகுதிகளில் பங்கெடுக்கிறது.

மேற்கொண்ட ஆய்வுகள் மூலமாக, செயற்கையான குறுக்கீடுகள் உடற்செயல் கடிகைகள் செயல்பாட்டை தடுத்து நிறுத்துதல் ஏன்?

தூக்கமின்மை, உரிய உணவுக்காக, மருந்துக்காக, நமது உடல் ஏற்றுக் கொள்ளும் நிலை போன்றவற்றை பற்றி அறிவதற்கு "காலமுறை" உயிரியல் ஆய்வுகள் பயன்படுகின்றன.

பதினேழாம் நூற்றாண்டிலேயே மனித உயிர்க்கடிகை செயல்பாடுகளின் ஆய்வு துவங்கியது. பிலிப்சர்டோரியல் "தூக்கம்" பற்றி ஆய்வு செய்தார். ஜூலியன் ஜோசப் வைரோ (1775-1846) முனைவர் பட்டத்திற்காக உயிர் கடிகைகள் பற்றி ஆய்வு செய்தார். அவரே பின்னாளில் "நவீன காலமுறை உயிரியலின் தந்தை" என அழைக்கப்பட்டார். மனித உடலில் நவீன காலமுறை உயிரியியல் பற்றி 1962 ஆண்டில் ஆய்வுகள் மேற்கொள்ளப்பட்டது. பிரெஞ்சு "குகை தங்குதல்" பற்றிய ஆய்வுகள் மேற்கொண்ட மைக்கேல் ஸிப்ரே தாமே அதில் தங்கி, உணவுண்டு, தூங்கி வெளியுலக தொடர்பில்லாமல் வாழ்ந்து ஆய்வு செய்தார். எனினும் அவர் எதிர்பார்த்து குகையிலிருந்து வெளி வந்த நாள் ஆகஸ்டு 20, 1962 என்பதற்கு மாறாக, செப்டம்பர் 17 ஆம் நாளாக இருந்தது வியப்பளித்தது. 1972 ஆம் ஆண்டில் 205 நாட்கள் மீண்டும் தானே அமெரிக்காவின் டெக்சாஸ் மாகாணத்தில் உள்ள டெல்ரியோவில் நடுநிசிக்குகைக்குள் தங்கினார். மீண்டும் இரு மாதங்கள் வேறுபாடு ஏற்பட்டது. தமது அறுபதாம் வயதில் 1999 ஆம் ஆண்டு நவம்பர் 20 ஆம் நாள் குகைக்குள் சென்று பிப்ரவரி 2000 ஆம் ஆண்டு வெளியில் வந்தார். சர்கேடியன் ரிதம் "பகல் இரவு நேர உடலியக்க கடிகைகள்" வயதுக்கேற்றவாறு மாறுபடுகிறது என்பதையறிந்தார். தற்போதைய காலத்தில் முழுமையாக மேம்படுத்தப்பட்ட புறஉலக செயல்பாடுகள் அறியாவண்ணம் நவீன கட்டமைப்பு கொண்ட அறைகள் இத்தகைய ஆய்வுகளுக்கு பயன்படுத்தப்படுகின்றன.

ஒளியின் மூலமாக பகல், இரவு காலநிலையினை நாம் நமது உடல் அறிகிறது. குறிப்பாக ஒளி கண்ணில் ரெடினா என்ற விழித்திரை வழி சென்று, ஒலிவாங்கிகளை அடைகிறது. அவை சங்கேத குறியீடுகள் மூலம் பார்வை நரம்புகள் மூளையின் ஆக்சிபிடல் கதுப்பில் சென்று பார்வைத்தூண்டலை அறிய தருகிறது.ஒலிவாங்கிகளில் குச்சி செல்கள்,கூம்பு செல்களுக்கு அதிக ஒளி தேவைப்படும். இவற்றை தவிர பாலூட்டி ஒளி உணர்விகள் (Mamnalian Photo Recepolor Cells) என்ற விழித்திரை நரம்பு முடிச்சுகள் நம் மனித உடலின் சர்கேடியன் சுழற்சி (பகலிரவு உடலியக்க செயல்) யுடனும், வளர்சிதை மாற்றம், நடத்தை ஆகியவற்றுடன் ஒளிக்கதிர் வீச்சின் ஆற்றல் வழியே தொடர்புடையதாக கண்டுபிடித்தார்.

பார்வைக்குறைபாடுள்ளவர்களுக்கு, பகலிரவு செயல்பாடுகள் இதனால் ஏற்படுகிறது. எனினும் மெலடோனின் என்ற பினியல் சுரப்பி ஹார்மோன்

மூலமாக இது சரி செய்யப்படுகிறது. "தலைமை உயிர்கடிகை" எனப்படுவது மனித மூளையின் ஹைபோதாலமஸ் பகுதியிலுள்ள "சுப்ராகையாமாடிக் உட்கரு" என்ற இடத்தில அமைந்துள்ளது. இங்கு 10,000க்கு மேற்பட்ட நரம்பு செல்கள்,கண்ணிலிருந்து 3 செ.மீ. பின்புறம் குவிக்கப்பட்டுள்ளன.

தலைமை உயிரியல் கடிகைக்கு வெளியே, மனித உடலின் உறுப்புகளிலும், திசுக்களிலும், ஹார்மோன்கள், மாறுபட்ட வெப்பநிலைகள் மூலமாக "மரபணு இயக்க உயிர் கடிகைகள்" செயல்படுகின்றன. நுரையீரல், கல்லீரல், விந்தகம், கணையம், மண்ணீரல், தைமஸ் சுரப்பி, தோல், தசை பகுதிகள் போன்றவற்றை தானியங்கி நரம்பு மண்டலம் மூலமாக நாளமில்லா சுரப்பிகளின் ஹார்மோன், அல்லது பீனியல் சுரப்பியின் மெலடோனின் மூலம் தலைமை உயிரியல் கடிகை செயல்பட வைக்கிறது.

கடிகார மரபணுவினை 1971 ஆம் ஆண்டு ரோன்கோனாப்கா மற்றும் செய்மோர் பென்சர் என்ற ஐக்கிய அமெரிக்க விஞ்ஞானிகள் கண்டுபிடித்தனர். 1984 ஆம் ஆண்டு ரெட்டி, ஹீசுப் ஷின் என்ற இரு விஞ்ஞானிகளும் அதற்கான மரபணு வரிசைகளை கண்டறிந்தனர். 1988 ஆம் ஆண்டில் முதன்முதலாக பாலூட்டிகளில் அறியப்பட்டு 1997 ஆம் ஆண்டில் எலிகளில் கண்டறிந்து உறுதி செய்தனர். 2001 ஆம் ஆண்டில் உடாவா பல்கலைக் கழகத்தின் யிங்ஹீயி என்ற அறிவியலறிஞர் மனித உடலில் கடிகார ஜீன் (அ) மரபணுவினை கண்டறிந்தார்.

குறிப்பிட்ட செயல்பாடுகளை ஒளியின் மூலம் விலங்குகள் உடலும், உடலுறுப்புகளும் காலத்தின் அடிப்படையில் நிகழ்த்துகையில், அதனை உயிரியல் கடிகைகள் மூலம் செயல்படுத்தும் மூளை அனைத்து விலங்குகளிலும் ஏற்படுத்துகிறது என்பது அறிவியல் உண்மையே. உயிரியல் கடிகைகளான இவை மூலமாக பறவைகள் காலையிலும் மாலையிலும் கூவி பாடுவதும், கூட்டில் அடைவதும் சிறு ஒரு செல் உயிரினிங்கள் உணவு தேடுவதும், வலசை சென்று வேறிடம் போதலும்,இனப்பெருக்கம் செய்வதும் நடைபெறுகின்றது.

"கால காலத்தில்" என்ற வழக்கு சொல்லுக்கேற்றபடி நுண்ணுயிரிகள், (நிலம், காடு, கடல், மண், ஏரி, குளம்,மலை) விலங்கினங்களின் செயல்பாடுகள் அட்டவணையிட்டு நடைபெறும் நிலை விந்தையே! இந்த வியத்தகு நடத்தையினை நாம் இயல்பாக புரிந்து நம் நடத்தைகளை மேற்கொள்கையில், "ஆரோக்கிய வாழ்வு" மனித குலத்திலும், இப்புவியிலும் தொடரும் என்பதே மறுக்க இயலாத உண்மையாகும்.

7

எங்கே செல்லும் இந்த பாதை....

பொதுவாக மனிதர்கள் நாம் ஒவ்வொரு நாளும், குறிப்பிட்ட பணிகளுக்காக, ஒரு பாதையினை தேர்ந்தெடுத்து செல்வதும் என்பது இயல்பான பழக்கம்! பின்பு அது வழக்கமாகிவிடும்! புதிய பாதையினை கண்டுபிடிக்கும் போதும், புதிய இடத்திற்கு செல்லும் போதும் நமக்குள் ஐயம் வரும்! நாம் போகும் வழி சரியானதுதானா? அடையுமிடத்தை சென்று தேடி செல்வதற்குள், எத்தனை விசாரிப்புகள், ஆனால் GPS கருவி இன்றைக்கு நமக்கு மிகப்பெரிய தொழில்நுட்பம் தந்து எளிதில், உடன் சரியாக செல்லவேண்டிய புதிய இடத்திற்கும் செல்ல முடிகிறது!

ஆனால், உயிரினங்கள், விலங்குகள், பறவைகள், பூச்சியினங்கள் இவையாவும் எவ்விதத்தில் இதனை அறிந்து கொள்கின்றன? வாழிடத்திலிருந்து உணவிற்கோ, மற்ற செயல்பாடுகளுக்கோ உகந்த சூழல் அமைப்பை, பாதையினை தேடுவதும், தீமைதரும் சூழலை விலக்கி உணர் உறுப்புகளை பயன்படுத்தி, பருவ காலத்திற்கேற்ப தம் உடலசைவை, நிலையினை மாற்றி தகவமைத்துக் கொள்கின்றன. இத்தகைய உடலசைவு நிலை மாற்றி நகர்தல் "திசைமாற்ற தளக் கோண நடத்தை" (Orientation) எனப்படும். இதனை முதலில்

ரூடால்ப் ஜாண்டர் என்ற அறிஞர் விளக்கினார். பொதுவாக இந்த திசைமாற்ற தளக்கோண நடத்தையினை இருபிரிவாக பிரித்து அறியலாம்.

1. உடலுறுப்பு செயலாக்கம்.
2. சூழல் அடிப்படை அறிதல்.

ஒரு தளத்தில் விலங்கின் உடலில் நிலை மாற்றமறிய மூன்று வெவ்வேறு கோணங்களைப் பற்றி முதலில் அறிய வேண்டும்.

1. நீள்வாக்கு
2. குறுக்கு வெட்டு
3. மேல், கீழ் தோற்றம்

ஆகியன. இம்முறை தவிர இடது வலது புறமாகவும் அசைகின்றன. விலங்குகள் நிலைமாற்ற நடத்தை நன்மை, தீமை காரணிகளின் அடிப்படையிலும் தூண்டல்கள் அடிப்படையில் ஏற்படுகிறது. எடுத்துக்காட்டாக, தவளை பறக்கும் பூச்சியினை பிடிக்கின்ற நாக்கை நீட்டும் நிலை ஆகும்.

விலங்குகளில் நடைபெறும் எளிய தளகோண நடத்தை "கைனசிஸ்" தூண்டலியக்கம் என அழைக்கப்படும். 1940 ஆம் ஆண்டில் பிராங்கெல், மற்றும் கண் ஆகிய அறிவியலறிஞர்கள் இதை முதலில் கண்டுபிடித்தனர். இதன்படி வெளிபுறத் தூண்டலின் வீரியத்திற்கேற்றவாறு விலங்குகளில் துலங்கள் (மாற்றம்) ஏற்படுகிறது.

ஒளியின் அளவுக்கேற்ப "டெண்டோகோலியம்" தட்டைப்புழு விலங்கின் கோண நடத்தை மாறுகிறது. இருட்டையும் ஈரத்தினையும் விரும்பும் இது வெளிச்சத்தைக்கண்டு விலகும். ஒரு செல் உயிரினங்கள், திருகாணி (Screw) முறையில் நீந்துகின்றன. இதனை கிளினோ கைனசிஸ் என்று கூறப்படுகிறது.

அம்மோசீட் லார்வா (பிளனேரியா) தூண்டலுக்கேற்றவாறு வேகமாக இடம் பெயரும் நுணுக்கம் ஆர்த்தோ கைனசிஸ் எனப்படுகிறது.

டாக்ஸிஸ் (Taxes) கோண நடத்தை நுணுக்கப்படி, தளம், தூண்டல்வரும் திசை ஆகியன அடிப்படையில் துண்டால், புலனுறுப்புகளுக்குமுள்ள தொடர்பின் அடிப்படையில் தூண்டல், விலங்கின் இரு புலனுறுப்புகளிருந்து ஒரே நேரம் வந்தால், ஒப்பிட்டு தம் கோணத்தை மாற்றிகொள்ளவது டிரோபோடாக்ஸிஸ் (Tropotaxis) எனப்படும், பிளனேரியா என்ற உயிரினமும், பில்மரபோன் என்ற உயிரினமும், பில்மரபேன் என்ற பூச்சியும், உணவின் தேவை அடிப்படையில் வெளிச்சத்தை நோக்கி உடற்கோணம் மாற்றிக்கொண்டு, பின்னர், இருட்பகுதிக்கு செல்கின்றன, கிரேலிங் என்ற வண்ணத்துப்பூச்சி, எதிரிகளிடமிருந்து தப்பிக்க,

வெளிச்சம் நோக்கி பறக்கிறது, ஆனால் அவற்றின் ஒரு கண் அழிக்கப்பட்டால், சுழன்று கொண்டே பறக்கின்றது.

டீலோ டாக்ஸிஸ் (Telo Taxis) கோண நடத்தையில் ஒரு குறிப்பிட்ட தூண்டலை கண் வாங்கி நிலை நிறுத்துதல் ஆகும். எடுத்துக்காட்டாக ஒரு ஓட்டப்பந்தய வீரரின் ஓட்டத்தினை நாம் காணுகையில், சற்று பார்வையினை வேறுபகுதி திருப்பினாலும், ஓடும் வீரரின் முழு செயல்பாடு மூளையால் அங்கீகரிக்கப்படுகிறது.

மெனோடாக்ஸிஸ் (Menotaxis) என்ற கோண நடத்தையினை பின்பற்றும் "லேசியஸ் நைகர்" என்ற எறும்பு குறிப்பிட்ட கோணத்தில் தொடர்ந்து (40 டிகிரி) செல்லும். தூண்டலின் தீவிரதன்மையில் ஏற்படும் கோண மாற்றம் கிளினோடாக்ஸிஸ் (klinotaxis) ஆகும். வேதிப் பொருட்கள் தூண்டலின் மூலம் இவ்வகை கோண நடத்தை ஏற்படும் 1919 ஆம் ஆண்டு குன் என்ற அறிஞர் ஆய்வுப்படி நீர் மூஞ்சுறு தான் செல்லும் பாதையினை நினைவில் வைத்து, அது தடை ஏற்பட்டால் மீண்டும் தொடங்கிய இடத்திலிருந்து செயல்படும். இத்தகைய நினைவு கோண நடத்தை "நிமோ டாக்சிஸ்" (Mnemotaxis) என்றழைக்கப்படும். வெளிபுறத் தூண்டல்களே பல விலங்குகளின் கோண நடத்தைகளை தீர்மானிக்கின்றன, நீர், வெப்பம், வெளிச்சம், தொடுதல், வேதிப்பொருள், மின்சாரபுலம், புவியீர்ப்பு, நீர்ச்சுழல், பூமியின் மின்காந்தப்புலம் ஆகிய தூண்டல்களுக்கு ஏற்படும் துலங்கல்கள், விலங்குகளின் கோண நடத்தையினை தீர்மாணிக்கின்றது.

மனிதர்களாகிய நாம் இருளைக்கண்டால் தூங்க விரும்புகிறோம். ஒளித்தூண்டலை விரும்பாத எதிர்மறை கோண நடத்தை எனலாம், தானிய வண்டுகள் செங்குத்தான பாத்திரத்தில் புவியீர்ப்பு எதிர்மறை கோண நடத்தை மூலம் மேல் நோக்கி வருவதும், பிளனேரியா, ஒளிநோக்கி சோதனைக்குழாய் நீரில் ஒரே பகுதியில் வருவதால் நேர்மறை புவியீர்ப்பு நடத்தையினை பின்புற்றுகின்றன.

பூச்சிகளின் இறகுகளில் "ஹால்டல்" உறுப்புகள், புறாக்களின் குடலினுள் உள்ள ஈர்ப்பு உணர்வு, பறத்தலில் "இடக்கோண நடத்தை" (Positional Orieatation) பின்பற்ற உதவுகிறது. விரும்பிய பொருளை அடைய, தொந்தரவுகளை தவிர்க்க வளைந்து செல்லும் முறை "பொருள்கோண நடத்தை" (Object Orieutation) ஆகும். நீரில் உள்ள நுண்ணிய மிதவையுரிகள் நெடுக்கு வசத்தில் இரவில் மட்டும் வந்து பகலில் கீழ்பகுதிக்கு செல்கின்றன. இதனை "அடுக்கு கோண நடத்தை" (Strato Orieutation) எனக் கூறலாம்.

தள, வாழிட மாறுதல்கள், வலப்பரவலின் அடிப்படையில், வாழிட கோண நடத்தை (Jonal Orientation) மேற்கொள்ளப்படுகின்றன.

தவளை நீரில் குதித்து, எதிரிகளிடம் காப்பாற்றிக்கொள்வது எடுத்துக்காட்டாக கூற இயலும்.

பொதுவாக விலங்கு, பறவை, பூச்சிகள் தாம் கடந்து பாதையின் நிலைகுறியீடுகள் (Topogrophic Orientation) மூலம் மீண்டும் கண்டுபிடித்து செல்லும் நடத்தை, தேனீ, குளவி, சிலந்தி, நண்டுகள் ஆகியவற்றில் மேற்கொள்ளப்படுகின்றன. பருவ காலத்திற்கேற்ப, புவியின் பல்வேறு பகுதிகளுக்கு "வலசை போதல்" பறவை, மீன், ஆமை, பூச்சி, வெட்டுக்கிளிகள் (Geographical Orientation) புவி கோண நடத்தை" ஆகும்.

வௌவால்கள் இருட்டில் எவ்வாறு உணவை தேடுகிறது? நாமும் இதனை கோவில்களில், பழைய கட்டிடங்களில் இவ்விலங்குகள் இங்குமங்கும் அலைவது கண்டு ஆச்சரியம் அடைந்திருக்கலாம். ஆனால் லாஸ்ரோ ஸ்பல்லன்சானி என்ற அறிஞர் பழந்தின்னி வௌவால்களை ஆய்வு செய்து அவை குறைந்த அலை கொண்ட நுண்ணிய ஒலி (Echdocation) மூலமாக, தடைகளை அறிந்து தமது கோண நடத்தைகளை உருவாக்கிக் கொள்வதாக கூறினார். இத்தகைய ஒலிகள் வாய், மூக்கு மூலமாகவே உருவாக்கப்படுகிறது.

தேனீக்களின் நாட்டிய மொழி தளக்கோண நடத்தையில் சற்று வேறுபட்டது. தேனீக்கள் 250 அடி தொலைவில் உணவிருந்தாலும், தூரம், அளவு, மலர் மணம் ஆகிய தகவல்களை "வாலாட்டி நடனம்", "சூழல் நடனம்" மூலமாக மற்ற தேனீக்களுக்கு தகவல் தெரிவித்து அவற்றை வரவழைக்கின்றன"

மிகச்சிறு உயிரினங்களிருந்து பெரிய விலங்குகள் வரை பல்வேறு தகவமைப்புகளை, சூழலுக்கேற்ப, திட்டமிட்டு தமது இயக்கங்களை, குறிப்பிட்ட திசையில் ஏற்படுத்தி கொள்கின்றன. மனித இனத்திலும் இத்தகைய தளக்கோண நடத்தை (ஒரிஇண்டஷன்) இயல்பாக, நாம் வாழுமிடம், அன்றாடம் பழகிய பாதை, இவற்றை அறிந்து செல்கையில் நிரந்தரமாக நினைவில் பதிந்து, பிரச்சினையில்லாமல் நமது இயக்கங்கள் நடைபெறுகின்றன. புதிய ஊருக்கு செல்லுதல், அறிமுகமில்லாத தளங்கள் ஆகிய இடங்களுக்கு நாம் செல்லுகையில் சற்று தயக்கம் ஏற்பட்டு இந்நடத்தை தொடருகிறது. மேலும் முதியவர்களுக்கு இத்தகைய தளக்கோண நடத்தை, பழகிய இடம் கூட மறந்துவிடும் நிலை உள்ளது.

உயிரினங்களின் அடிப்படையான நடத்தையில் ஒன்றான "தளக்கோண நடத்தை" மிக நுண்ணிய தகவமைப்புகளை கொண்டே செயல்படுத்தப்படுகிறது.

8

பாடித் திரிந்த பறவைகளே!

மாலையில் அந்தி மயங்கி, இரவின் கதவினைத் தொடும் நேரத்தில் அண்ணாந்து பார்த்தேன்... வெண்ணிற பறவைகள் கிழக்கிலிருந்து மேற்கு நோக்கி குறிப்பிட்ட வரிசையில் பறக்கின்ற அழகே தனி கூட்டம், கூட்டமாக தொடர்ந்து பறக்கின்ற காட்சி..., ஆம்... காலையில் உணவு தேடி செல்லும் பறவைகள், மாலையில் உறங்குமிடம் நாடி செல்லும் உள்ளூர் இடம் பெயர்தல் (Local Migration) நிகழ்வு நடைபெறுகிறது.

இடம்பெயர்தல் (அ) வலசை போதல் என்ற செயல்பாடு பறவைகளின் அதிசயமான ஒன்று! ஆம் பருவகால மாற்றம், உணவு தேடல், எல்லைநோக்குதல், கூடுகட்டுமிடம் என்ற தம் வாழ்வின் ஏதோ ஒரு அத்தியாவசிய நிலைக்காக "பாடித்திருந்த பறவைகள்" பற்றி நாம் சற்று சிந்திக்கலாமே! வலசைபோதல் பறவைகளின் சிறப்பு, உலகில் பல்வேறு பகுதிகளை ஓராண்டில் கடப்பதுதான் தெரியுமா! இனப்பெருக்க வாழிடம் நோக்கி வசந்த காலத்தில் மித குளிர்பகுதி தேடிவருவதும், இலையுதிர் காலத்தில், வறண்ட காலத்தில் குளிர் பகுதிகளை நோக்கி பகணிப்பதும் நீர் பறவைகளின் இன்றியமையாத செயல்களாகும்.

பறவை வலசைபோதல் ஆறு வகைப்படும்.

1. அன்றாடம் அல்லது உள்ளூர் எனப்படும் குறைந்த தொலைவு.
2. பருவ கால இடம்பெயர்வு.
3. சுழற்சிமுறை
4. அட்சரேகை வலசைபோதல்
5. குத்துயர வலசைபோதல்
6. தீர்க்கரேகை வலசை போதல் என்பவனவாகும்.

பல பறவைகள் அன்றாடம் உணவு, சுழல்நிலை, கூடு, வெப்பம், ஒளி, மாறி மாறி வாழிடத்திலிருந்து வெளியே சென்று வருதல் அன்றாட இடம்பெயர்வு ஆகும். வெப்பமண்டல, துணைமண்டல பகுதிகளில் கோடைகாலத்திலும், குளிர்ப்பிரதேசங்களில், குளிர்கால துவக்கத்திலும் ஐரோப்பா, ஆசியா, வட அமேரிக்கா பகுதிகளில் கண்டம் தாண்டி செல்லும் வலசை போதல் பருவகால வலசை போதல் ஆகும். வடக்கிலிருந்து தெற்குத்திசை நோக்கியும், தெற்கிலிருந்து வடக்கு நோக்கியும் ஒவ்வொரு ஆண்டும் 5000 மில்லியன் பறவைகள் 3200 கி.மீ. தொலைவு புல்வெளி, காடுகள், ஏரிகள் ஆகிய பகுதிகளுக்கு மத்திய, தெற்கு ஆப்ரிக்க நாடுகளை நோக்கி நகருகின்றன. உயரமான மலைப்பகுதியில் உள்ள நாமத்தாரா (Coot) பறவைகள் அர்ஜெண்டைனா நாட்டின் ஆண்டஸ் மலைப்பகுதிலிருந்து, கீழ் நோக்கி, பருவகால மாற்றம் காரணமாக பறக்கின்றன. புவியின் கிழக்கிலிருந்து மேற்காகவும் சில பறவைகள் கலிபோர்னியா கடல்காகங்கள் குளிர்காலத்தில் பசிபிக் கடற்கரை நோக்கி பறக்கின்றன.

வலசை பறவைகள் சாதாரணாக 500 கி.மீ. முதல் 17,000 கி.மீ. வரை ஒரே நேரத்தில் தொடர்ந்தும் அல்லது, சில நிறுத்தங்களில் குறுகிய நேரம் ஓய்வெடுத்தும் பறக்கக்கூடிய திறனுடையவை! குறிப்பாக கனடாவின் ஆர்டிக் பிரதேசத்தில் இனப்பெருக்கம் செய்யும் "ஆர்டிக் ஆலா" (ArcticTem) எனும் பறவைகள் குளிர்கால பிரதேசமான அண்டார் டிகாவிற்கு 17,600 கி.மீ. வரை இடம் பெயருகின்றன. இந்தியாவிலுள்ள கருவெண்மைக்குயில் உலகின் கிழக்கு, தென்கிழக்கு பகுதிகளுக்கு 4800-8000 கி.மீ. வரை பறந்து செல்கின்றன.

உயரபறத்தலிலும் பறவைகள் மிக வித்தியாசமானவை, கடற்மட்டத்திற்கு மேல் 7400 அடிக்கு குறைவாகவே பெரும்பான்மையான பறவைகள் பறக்கின்றன. இமாலய மலைப்பகுதிகளில் வலசை போகும் பறவைகள் 800 முதல் 1600 அடி உயரத்தில் பறந்தாலும், வாத்துக்கள் 4000 அடி முதல் 8640 அடி உயரம் பறக்கின்றனவாம். ஆனால் 17280 அடி உயரத்திலும் சில வலசை போகும் பறவைகள் பறக்கின்றன. கிரிப்பான் கழுகு எனும் பறவை, 37000 அடி உயரத்தில் பறந்த விமானத்தில் மோதியதாக ஒரு தகவல் உள்ளது.

பெரும்பாலான பறவைகள், மிக அதிக திறன் பெற்ற தானியங்கி ஊர்திகளான மகிழுந்து கார் போன்றவற்றுடன் போட்டியிட்டு ஒரு மணி நேரத்தில் 90 கி.மீ. தொலைவினை கடக்க வல்லமை உள்ளவைகளாக இருக்கின்றன. மேனக்ஸ் ஷியர் வாட்டர் எனும் பறவை ஐக்கிய அமெரிக்காவிற்கு ஐரோப்பாவிலுள்ள பொந்துக் கூட்டிலிருந்து எடுத்து செல்லப்பட்டது. விடுவிக்கப்பட்ட பின்னர் மீண்டும் தன் கூட்டை 12.5 நாட்களில் அமெரிக்காவிலிருந்து திரும்ப சென்றடைந்தது. பறவைகளின் வேகத்திறனைஅறிய டாப்லர் ரேடார் பயன்படுத்தப்படுகிறது., சிறு பாடல் பறவைகள் 32-64 கி.மீ. வரை ஒரு மணி நேரத்தில் பயணிப்பதாகவும்,பெரிய பறவைகள் (கொக்கு) 40 லிருந்து 96 கி.மீ. வரை பறப்பதாகவும் அறியப்பட்டுள்ளது. வலசை பறவைகள் 50-600 மைல் தொலைவு ஒரு நாளில் பறக்கின்றன. பெருங்கடல் பகுதிகளைக் கடக்கும் வலசைப் பறவைகள் 100 மணி நேரம் தொடர்ந்து நிற்காமல் பயணிக்கின்றன,

வலசை போதலின் பரிணாம தோற்றத்தை பற்றி இதுவரை சரியான ஆய்வு முடிவுகள் இல்லை, பிளிஸ்டோ சீன காலத்தில் இறுதிவரை, பறவைகள் வடதுருவத்தில் தோன்றியதாகவும், பனிக்காலம் துவங்கியபின், குளிரிலிருந்து தம்மை காத்துக் கொள்ள தெற்கு துருவத்தை நோக்கி சென்று மீண்டும் பனி குறைந்த பின் தமது இல்லப்பகுதி திரும்புவதாக கருத்து நிலவியது. மேலும் வெப்பமண்டல பகுதிகளில் உள்ள பறவைகள் வடக்கு நோக்கி உணவு தேடலுக்காக செல்வதாகவும் கூறப்பட்டது.

இதைத்தவிர சிற்றினத்துள்ளும், வெவ்வேறு சிற்றினத்திற்கிடையேயும் உணவுக்காகவும், எல்லை, கூடுகட்டுமிடம் ஆகிய போட்டி காரணிகளே வலசை போதலின் பண்பை பறவைகளில் உருவாக்கியதாகவும் அறியப்பட்டது.

வலசை போதல் என்ற இடம் பெயர்தலுக்கு முன் பறவைகள் தாம் தொடர்ந்து பறப்பதற்கு தேவையான ஆற்றலை பெற்று தயாராக வேண்டும். உணவினை தம் அன்றாட தேவைக்கு மேல் உண்டு தோலின் அடிப்புறத்தில், அவ்வாற்றலை பறவைகள் சேமித்துக்கொள்ளும். பறவைகள் உடலளவில், நடத்தையளவில் உரிய சூழல் பெற்றுவிட்டால், பிட்யூட்டரி சுரப்பி சுரந்து பறந்து செல்லும் மனநிலை பெறுகிறது. பின்னர் வெப்பமாறுதல், காற்றின் திசைமாற்றம், குளிர்கால துவக்கம் போன்றவற்றால் தூண்டப்படுகிறது. இத்தகைய நிலையில் "பறவைகள் வலசை போகும்" நடத்தை துவக்கப்படுகிறது.,

இவ்வாறு வலசை போவதனால் பறவைகள் பெரும்பாலும் அதிக நன்மைகளையே பெறுகின்றன. பறவைகள், குளிர், புயல் பருவகால மாற்றத்திலிருந்து தப்பித்து, தம்மை பாதுகாத்துக் கொண்டு, வெவ்வேறு சூழல் வாழிடங்களிருந்து உணவினை பெற்று வாழ தயாராகும் நிலை உருவாகிறது. மிக சத்துள்ள வேறுபாடான உணவு, வேற்றுமை வாழிடம் உரிய தகவமைப்புகளை

அப்பறவைகள் பெற எளிதாக உதவுகிறது. நீண்ட கோடைக்காலம், அதிக உணவு சேகரிக்க, தம் குஞ்சுகளுக்கு ஊட்ட பயன்படும் இனப்பெருக்க பகுதிகளுக்கு வலசை போகும் பறவைகள், பறவைகளின் எண்ணிக்கை, அதிகமாக இருப்பதால் எதிரிகளிடமிருந்து எளிதில் தப்பிக்க வாய்ப்புள்ளது. நீண்ட குளிர் காலத்தில், வடபகுதிக்கு செல்லும் பறவைகளுக்கு ஒட்டுண்ணிகள், நுண்ணுயிர்களின் நோய் தாக்குதல் குறைய அதிக வாய்ப்புள்ளது. வலசை போதலால், பறவைகள் உலகம் முழுவதும் பரவுவதற்கும். ஆங்காங்கே சிறு குழுக்கள் உருவாகி, பரிணாம வளர்ச்சியில் மாறுபாடு ஏற்பட்டு, மரபு மாற்றங்கள் உருவாக வாய்ப்புள்ளது. மிக முக்கியமாக, நம் மனித இனம் வலசை வரும் பறவைகள், உலகெங்கிலும் வாழக்கூடிய வண்ண வண்ண அரிய இனங்களை ஒரே இடத்தில, குறிப்பாக பரத்பூர் கீலோதேவ் தேசிய பூங்காவில் காணக்கூடிய அரியவாய்ப்பு கிடைத்துள்ளது.

பறவைகள் வலசை போதலை ஆய்வு செய்து அறிவது என்பது மிகக்கடினமான செயலாகும். எனினும் பல ஆண்டுகளாக, பல்வேறு முறைகளில் இத்தகைய பறவைகள் இடம் பெயர்தலை, விஞ்ஞானிகள் ஆய்வு செய்தறிந்தனர். டெலஸ்கோப் முரை, ரேடியோ டிராக்கிங் முறையில் சிறு நுண் அலை எழுப்பும் (டிரான்ஸ்மிட்டர்) கருவியினை, பறவை கழுத்து, பின் உடல் பகுதியில் ஒட்டிவிட்டு தகவல் சேகரிக்கும் (ரிசவர்) கருவி மூலம் பறவை பறத்தலை ரேடியோ டெலிமெட்ரி முறையில் கண்காணிக்கலாம். ராடார் முறை, பறவைகளின் குரல் ஒளிப்பதிவு முறை, வலசை வந்த பறவைகள் இறப்பின் அவற்றை சேகரித்து ஆய்வு செய்தல், "பறவைக்காலில் வளையமிடுதல்" முறை போன்றவைகளை மேற்கொண்டு பறவைகளின் இடம்பெயர்தலை அறிய இயலும். வண்ண பிளாஸ்டிக் வளையங்களில் எண், நிறுவனப்பெயர், நாடு ஆகிய தகவல் குறிப்பிடப்படும். வளையமிட்ட அயல்நாட்டுப் பறவைகள் வலைகள் மூலம் பிடிக்கப்படும் நிலையில் இருநாடுகளின் வலசை ஆய்வு நிறுவனங்கள் தகவல்களை பரிமாறிக் கொள்கின்றன. ஐக்கிய அமெரிக்காவின் லாரல் மற்றும் மேரிலாண்ட் பறவை வலசை ஆய்வு நிறுவனம் 30 மில்லியன் வளைய தகவல்களை பதிவு செய்துள்ளது. இந்தியாவில் பம்பாய் இயற்கை வரலாற்று சங்கம் (Bombay Natural History Society), டாக்டர்.சலீம் அலி என்ற பறவை வல்லுநர் தலைமையில் 1980 ஆம் ஆண்டு ராஜஸ்தானிலுள்ள பரத்பூர் பறவை சரணாலயம், தமிழ்நாட்டில் கோடிக்கரை, வனவிலங்கு பறவை, சரணாலயம் ஆகிய இடங்களில் பறவை வலசை ஆய்வு திட்டம் சிறப்பாக செயல்படுத்தப்பட்டது. இமாலயப்பகுதி, லடாக், திபெத், மத்திய ஆசியா, சைபீரியா, கிழக்கு ஐரோப்பா ஆகிய பறவைகள் இந்தியாவின் நீர் வலசை வருகிறது.

பறவைகள் எவ்வாறு வலசை அல்லது இடம் பெயர்வு வழியறிகின்றன? பகல் வலசை பறவைகள், சூரியன் நிலைகுறியீடுகள் ஆகியவற்றையும்

இரவு நேரப்பறவைகள் நிலவு, நட்சித்திர நிலை, காந்தகளம், புவியீர்ப்பு விசை காரணிகள் அடிப்படையில் நகர்கின்றன. இத்தகைய காரணிகள் பறவைகளின் சிற்றினம், வயது, அனுபவம், வாழிடம், தட்பவெப்பசூழலைப் பொறுத்து மாறக்கூடியன. அமெரிக்க கார்னெல் பல்கலைக்கழக பறவையியல் விஞ்ஞானிகள் இண்டிகோபன்டிங் பறவைகளை கூண்டில் அடைத்து இரவு சூழலை ஏற்படுத்தி ஆய்வு செய்தனர். கூண்டில் பறவைகள் வடகிழக்கு பகுதி நோக்கியே சென்றதாக அறிவிக்கப்பட்டது.

1959 ஆம் ஆண்டில் உலக சுகாதார நிறுவனம் ஜெனிவாவில் பறவை அறிஞர்கள், வைரஸ் ஆய்வறிஞர்கள் ஆகியோரின் கருத்தரங்கினை நடத்தியது. பம்பாய் இயற்கை வரலாற்று சங்க வல்லுனர் டாக்டர்.சலீம் அலி, இந்தியா சார்பாக அதில் கலந்து கொண்டார். அக்கூட்டத்தில் முடிவெடுத்தபடி, குஜராத் மாநிலத்திலுள்ள "ரான் ஆப் கச்" பகுதியில் 1967 ஆம் ஆண்டு வலசை பறவைகள் வளையமிடும் திட்டம் துவக்கப்பட்டது. வலசை பறவைகள் ஆய்வு ராஜஸ்தானில் பரத்பூர் கீலோதேவ் தேசிய பூங்காவில் தொடர்ந்து 25 ஆண்டுகள் மாநில வனத்துறையுடன் இணைந்து நடத்தப்பட்டது. இத்தகைய வலசை வரும் பறவைகள் குறிப்பிட்ட வாழிடத்தினை நாடி தொடர்ந்து ஆண்டு தோறும் அவற்றின் வளையம் கொண்டு அறிந்த உண்மைகள் பதிவுகளாக உள்ளன. பறவைகளின் வலசை போதல் என்ற இடம் பெயர்தல் செய்யும் அரிய நீர்ப்பறவை சைபீரியன் கொக்கு ஆகும். உலகத்தில் மொத்தம் 200 பறவைகளே உள்ள இவை பரத்பூர் சரணாலயத்திற்கு ஆண்டு தோறும் 4600 கி.மீ. பயணம் செய்து வருகின்றன.

பறவைகள் என்றாலே அழகும், அதிசயமும், விந்தையும் கொண்ட உயிரினம் தான்! இவற்றின் பறத்தல் பண்புகள் அவற்றை பற்றிய பல உண்மைகளை அறிந்துகொள்ள ஆய்வுகள் தொடர்கின்றன. பொதுவாக பண்டைய தமிழர்கள், கிரேக்கர்கள்; மற்றும் ரோமானியர்கள் பறவைகளை செய்தி அனுப்பும் தூதுவர்களாக கருதிய காலத்தில் அவற்றின் இடம்பெயர்தல் அவற்றுடன் கூடிய இனப்பெருக்க செயல்பாடுகள்,வாழிட மாற்றம் அனைத்தும் ஆச்சரியமளிப்பவையே!

திசைமாறும் பறவைகள் கண்டம் மாறிச் செல்வதனை ஆய்வுகள் மூலம் அறிய இயலும்! ஆனால், இந்நாளில் இணையம் மூலம் மனித மனங்கள் புவியின் துருவங்கள் தாண்டியும் செல்கின்றதே!

9

போவோமா? ஊர்கோலம்.....

அழகிய மீன்களைக் கண்ணாடித் தொட்டியில் கண்டு ரசித்து, வளர்த்து அவற்றின் நீந்துதல் இயக்கத்தினை வியந்து பார்த்து வளர்த்து மகிழ்வது நம்மில் பெரும்பாலானோரின் பொழுது போக்காக உள்ளது. சிலர் மீன்களை "வாஸ்து" என்ற நம்பிக்கையின் அடிப்படையில் வளர்த்தலும், இயக்கம் காணுவதும் சமீப காலமாக நாம் அறிந்ததே! கூட்டம் கூட்டமாய் மீன்கள் இடம் பெயர்வது இயல்பாயினும் இது ஒரு புதிரான செய்லபடாகவே கருதப்படுகிறது. கோகன் (1970) என்ற விஞ்ஞானியின் கூற்றுப்படி, 8000 நன்னீர் வாழிட மீன்கள் 12,000 கடல்வாழ் சிற்றின மீன்கள் மேலும் 120 இரு வாழிட சிற்றினங்கள் தொடர்ந்து ஒழுங்கு முறையாக "ஊர்வலம்" போவது போல் வலசை போதல் என்ற இடப்பெயர்ச்சி மேற்கொள்கின்றனவாம்! தெரியுமா?

இடம் பெயர்தல் என்ற நிகழ்வு சூழல் மாற்றத்தினையொட்டி, சிறிது தொலைவு இயக்கம், பருவகால இயக்கம் என வகைப்படுத்தப்படுகிறது."இல்லம் திரும்புதல்" என்ற தம் சொந்த வாழிடப் பகுதி நோக்கி மீன்கள் வெவ்வேறு பகுதிகளுக்கு சென்று திரும்பும் நிலையாகும் என ஜெர்கிங் (1959) விஞ்ஞானி விளக்குகிறார்.

பசிபிக்சாலமன், வரிபாஸ், லாம்பரேய்ஸ், ஹீல்சா ஆகிய மீன்கள் கடல் பகுதியிலிருந்து நன்னீரை நோக்கி செல்கின்ற இனங்களாகும். இவை

அனட்ராமஸ் மீன்கள் என அழைக்கப்படுகின்றன. ஐரோப்பா விலாங்கு, அமெரிக்க விலாங்கு போன்ற மீன்கள் நன்னிரிலிருந்து, கடலை நோக்கி இனப்பெருக்கத்திக்காகவும், முட்டையிடவும் செல்கின்றன தெரியுமா? இவை கடாட்ராமஸ் மீன்கள் எனவும், கோபிமீன்கள், ஆம்பிட் ராமஸ் என அழைக்கப்படுபவை. கடல், நன்னீர் ஆகிய இரு வாழிடங்களிலும் மாறி, மாறி உணவிற்காக தம் வாழ்க்கையில் ஒருமுறை நிச்சயமாக இடம் பெயர்தலை மேற் கொள்கின்றன. நன்னீர் வாழிடத்திற்குள்ளேயே வெவ்வேறு பகுதிகளை நோக்கி செல்லும் கார்ப்,டிரவுட், புரூக் லாம்ப்ரே, ஒயிட் சக்கர் மீன்கள் பொடமட்ரோஸ் வகை என அழைக்கப்படுகின்றன. கடலுக்குள்ளேயே அடிக்கடி இடம் பெயருகின்ற ஹெர்ரிங், சார்டைன், டுனா மக்கரல் போன்ற மீன் இனங்கள் ஓசனோட்ராமஸ் என அழைக்கப்படுகின்றன. இடம் பெயர்தல் (அ) வலசை போதல் என்ற வித்தியாசமான நடத்தை ஏன் மீன்களில் நிகழ்கிறது?

இனப்பெருக்கம், உணவு, பருவகால மாற்றம், நீர் அல்லது தாது உப்பு சமநிலை ஆகிய காரணங்களுக்காக மீன் வலசைபோதல் ஏற்படுகிறது.

வாஸ்நெட்சோவ் (1953) என்ற அறிஞரின் கருத்துப்படி, முட்டையிட வலசைபோதல் அல்லது, இனப்பெருக்கத்திற்காக இடம்பெயர்தல் அவற்றின் சிறப்பான வாழ்வு, முட்டைகளின் உரிய வளர்ச்சி, லார்வே உருவாதல் ஆகிய காரணங்களுக்காக நடைபெறுகிறது எனக் கூறினார். மேலும் அன்ட்ராமஸ் மீன்கள் கடலிலிருந்து ஆற்றை நன்னீரை நோக்கி செல்கையில் உணவுஉண்ணாமல், அதிக கலோரி ஆற்றலை செலவழிக்கிறதாக அறியப்பட்டுள்ளது.

இந்திய மீன் ஹில்சா இலிசா என்ற வங்காள விரிகுடா கடலில் வாழக்கூடிய அனட்ராமஸ் வகை மீன்கள், இனப்பெருக்கக் காலத்தில், கங்கையாற்றினை நோக்கி, நமது கண்டத்தின் பாதியளவு தொலைவில் தனது பயணம் மேற்கொள்கின்றது என்பது வியத்தகு செய்தியாகும்.

சால்மன் என்ற அனட்ராமஸ் மீனத்தில் தன் வாழிட திரும்பும் உள்ளுணர்வு, பலதலைமுறைகளாக காணப்படுகிறது. அரச சால்மன் என்ற மீன் வகை, சிறு ஓடையில் உருவாக்கப்படுகின்றன. பின்னர் ஓரளவு வளர்ச்சி அடைந்து, இளம் உயிரிகளாக நன்னீரிலிருந்து கடலுக்கு, பசிபிக் பெருங்கடலுக்கு சென்று ஐந்தாண்டுகள் அங்கிருந்துவிட்டு மீண்டும் தம் இனப்பெருக்கத்திற்காக தாம் பிறந்த வாழிடத்தினை நன்னீர் ஓடை வரை செல்கின்றன. இவ்வாறு சால்மன்கள் குறைந்தபட்சம் 700 கி.மீ. இருந்து, 4000 கி.மீ. வரை அதிகபட்சமாக வலசை போகின்றன.

உணவுக்கான இடம் பெயர்தல், இனப்பெருக்கத்தின் நிலையிலோ அல்லது குளிர்கால நிலையிலோ ஏற்படுகின்றது. நல்ல உணவு கிடைக்கும் நிலையில், இம்மீன்களின் வளர்ச்சி விரைவாக ஏற்பட்டு, உரிய காலத்தில் முதிர்ச்சி

அடைகின்றன. அடுத்த சந்ததி சிறப்பாக உருவாவதற்கான வாய்ப்புகள் ஏற்படுகிறது. மொத்தத்தில் மீன்களின் வாழ்க்கை சுழற்சி, இடம்பெயரும் முறைகள் மற்றும் எண்ணிக்கை நிலை ஆகியவற்றுடன் உற்பத்தி சுழற்சி மற்றும் அப்பகுதியின் நீர் ஆதரநிலையுடன் நெருங்கிய தொடர்புடையது ஆகும்.

சால்மன், காட், ஹெறிங், டுனா போன்ற கடல் மீன்களும், கிராஸ்-கார்பு, சைனீஸ்ரோக் போன்ற நன்னீர் மீன்கள் வணிக முக்கியத்துவம் வாய்ந்த மீன்கள் இவ்வாறு வலசை போகின்றன, சன்னா, ஹர்போடான் என்ற அரபிக் கடலில் உள்ள மீன்கள் வங்காள விரிகுடா வரை தீபகற்ப பகுதியினை சுற்றி சென்று கங்கை பகுதி கழிமுகங்களிலும் அவ்வப்போது காணப்படுகின்றன.

குளிர்கால வலசைபோதல் (அ) பருவநிலை மாற்ற இடம்பெயர்தல் மீன்களின் இயல்பு மாறி, செயல்படாத நிலையிலும் ஏற்படுகின்றன. இத்தகைய வலசை போதல் ஹார்மோன் மற்றும் உடற்செயலியல் மாற்றங்கள் குறிப்பாக, இனப்பெருக்க உறுப்புகள் வளர்ச்சியின் போது ஏற்படும். ஸ்டர்ஜியான், அட்லாண்டிக் சால்மன், ரோக், பெர்ட் போன்ற மீனினங்களில் இவ்வகை இடம்பெயர்தல் ஏற்படுகிறது. சுற்றுசூழல் மாற்றங்களின் அடிப்படையில் நீராதாரம் மற்றும் தாது உப்புகளின் தேவையினால் சில வகை மீன்களின் கூட்டம் "ஊர்வலம்" போல இடம் பெறுகின்றன.

இவ்வாறு மீன்கள் இடம்பெயருதலுக்கு, நுகர் உணர்வு மூலம் குறிப்பிட்ட இடத்தை நோக்கி நகர்ந்தாலும், உள்ளூறுப்பு உயிரியியல் கடிகை மூலமாக நடைபெறுகிறது எனவும், சில ஆய்வுகள் "பிரோ:மோன்கள்" என்ற வேதிப்பொருள் தூண்டல், வானில் உள்ள கிரகங்களை ஒட்டியும் அலைகள் அல்லது நீர் ஆதார பொருட்களின் பண்புகள், புவியின் காந்தப்புலம் ஆகியவற்றின் தூண்டலாலும் நடைபெற வாய்ப்புள்ளது என தெரிவிக்கின்றன.

மீன்களின் வலசைபோதல் மனிதர்களின் அணைகட்டும் செயல்பாட்டால் தடை செய்யப்படுகிறது. துவக்க காலத்தில் மீன் வலசை போதல் அறியாமல் அணை கட்டுதல் நடைபெற்றதால் மீன் அதிக அழிவுக்குட்பட்டன. 17 ஆம் நூற்றாண்டில், அணைகட்டு கட்டுமான தொழில் நுட்பத்தில் மாற்றம் செய்யப்பட்டு, 1660 ஆம் ஆண்டிலிருந்து மீன்களின் தடையில்லா இடம் பெயருதலுக்கு ஏற்றவாறு அமைக்கப்பட்டன.

மீன்கள் அழகிய நீந்தும் உயிரினங்கள், மனித குலத்தின் புரத வங்கிகள், இவற்றிற்கு அவற்றின் செயல்பாடுகளில் ஒன்றான வலசை போதல் இன்றியமையாதது! இயற்கையின் அதிசயமான நிகழ்வுகளில் ஒன்றான "ஊர்வலம்" போன்ற முழுமையான மீன் குழுக்களின் கூட்டமான இடம் பெயருதல் அதிசயமான அறிவியல் உண்மை அல்லவா!

10

ஹலோ, ஹலோ! சுகமா?

அனைத்து உயிரினங்களுக்கும் சமூக வாழ்வில் இன்றியமையாத நடத்தை "தொடர்பு கொள்ளுதல்" (Communication) ஆகும். அடிப்படையான இச்செயல்பாடின்றி, மனிதர்கள் உட்பட மற்றஎந்த ஒரு உயிரினத்துடன், இணக்கமாகவோ, கூடி வாழவோ முடியாது. தொடர்பு கொள்ளுதல் (அ) செய்தி உணர்வினை அறியச் செய்தல் எனும் நடத்தை மனிதகுல வாழ்வில் "ஹலோ, ஹலோ! சுகமா?" எனும் அறிவியல் தொழிநுட்ப வசதிகளால், தொலைபேசி, கைத்தொலைபேசி, ஈமெயில், முகநூல், ட்வீட்டர், எத்தனையெத்தனை முன்னேற்றம்? மிகப் பெரும் உலகத்தின் ஒவ்வொரு பகுதியும் தொடர்பு கொள்வது மிக எளிதாகிவிட்டது! எனினும் உயிரினங்கள் குழுவாகவோ, தனியாகவோ மற்றோரு விலங்குடன் தொடர்பு கொள்ள, அவற்றினைத்தூண்ட சங்கேத மொழிகளை செயல்படுத்துவது "தொடர்பு கொள்ளுதல்" ஆகும்.

தொடர்பு கொள்ளுதலின் முக்கியத்துவம் சங்கேத குறியீடு (Signaller) துவக்குபவர் மற்றும் அதனைப் பெறுபவருக்கு (Receiver) இடையிலுள்ள உறவு ஆகும். செய்திகள் பரிமாறப்பட்டு அதன் மூலம் ஏற்படும் விளைவு, தொடர்ந்து தப்பித்தல், இனப்பெருக்கம், நட்பு, உணவீட்டம், சண்டை போன்ற நிலைக்கு செல்கின்றன. தொடர்பு கொள்ளுவதால் இனம் காணுதல், இனப்பெருக்க முன்

நடத்தையான காதல், உக்கிரமான சண்டை தவிர்த்தல், ஆபத்துக்காலங்களில் கூட்ட உறுப்பினர்கள் ஒன்றிணைதல், வேட்டை, பெற்றோர் பாதுகாப்பு, எச்சரியறிதல் என பல்வேறு பயன்பாடுகள் விலங்குகளுக்கு உள்ளன என்பதை அறிவோமா?

தொடர்புகள் என்பது கொல்லுயிரிக்கும் இரைக்குமிடையிலும், இரையுயிரிகளுக் கிடையிலும், ஏன்? போட்டி விலங்குகள், பெற்றோர் சேய்களுக்குமிடையில் மற்றும் இனப்பெருக்க இணை விலங்குகளுக்குமிடையில் வழக்கமாக நிகழ்ந்து கொண்டுள்ளன. கொல்லுயிரிகள் இரைகளை பயமுறுத்தல், இரையுயிரிகள தமக்கிடையே எச்சரிக்கையுணர்வினை வெளிப்படுத்துதல், போட்டி விலங்குகள் தம் எல்லைகளை உறுதிப்படுத்துதல், பெற்றோர் விலங்குகள் தம் சேய் உயிரினிங்களை ஒலிகள் மூலம் இனம் காணுதல், இனப்பெருக்க இணையுரினங்கள் தம் தயார் நிலை உணர்ததல் என பல்வேறு வடிவில் "தொடர்புகொள்ளுதல்" செயல்பாடுகள் விலங்குலகத்தில் நிகழ்கின்றன.

தொடர்புகள் விலங்குலகத்தில், நம் மனித இனம் போலவே நான்கு வகையாக நிகழ்கிறது. தெரியுமா? அவை ஒளி தொடர்புகள், காட்சி தொடர்புகள், வேதிதொடர்புகள், தொடு உணர்வு தொடர்புகள் ஆகியன ஆகும்.

சிறு கிரிக்கெட் பூச்சிகள், நீர்நிலவாழ்விகளான தவளைகள், பறவைகள், வௌவால்கள், திமிங்கலங்கள், குரங்கினங்கள், பாலூட்டிகள் போன்றவை எச்சரிக்கை இனப்பெருக்க தயார்நிலை, இனம் காணுதல் ஆகியவற்றுக்கு ஒலிகளை வேறுபட்ட நிலையில் எழுப்புகின்றன.

விலங்குகள் ஒலி எழுப்புதலை நாம் சாதாரணமாக, நம் காதில் கேட்டுக்கொண்டே செல்கிறோம். ஆனால் ஒவ்வொரு உயிரினமும் தனது ஒலிக்குறிப்பில் ஏதோ ஒரு தகவலை பரிமாறுகின்றன என்ற உண்மை தெரியுமா?

பூச்சிகள், சிலந்திகள், கிரிக்கெட் பூச்சிகள் போன்றவை தந்தி இசைக் கருவி ஒலி போன்று, கிரிச்சிட்ட, உரசும் ஒலி எழுப்பக்கூடியவை. வெட்டுக்கிளி பூச்சிகள், தமது பின்னங்காலை முன்பகுதி சிறகுகளில் உரசி ஒலி எழுப்புகிறதே! சிக்காடா என்ற பூச்சியினம் உடலின் இருபுறமும் உள்ள உடற்சுவர் தகடுகளில், கால்களை தேய்த்து ஒலி எழுப்பக்கூடியனவை ஆகும்.

மீன்கள் தங்கள் நீச்சல் பைகள் மூலமாகவும், பற்களைக் கடித்தும் ஒலி எழுப்புகின்றன. பறவைகள் அலகுகளை அசைத்து தட்டுதலும், சில பாம்புகள் (Rattle Snake) வாலில் உள்ள கடின வறண்ட செதில்களை உரசி எச்சரிக்கை ஒலி எழுப்புமாம்! தெரியுமா? பாலூட்டினங்களில் பெரிய விலங்கான

கொரில்லாக்கள் மார்பினை தட்டுதல், மரக்கிளைகள் அசைத்தல், குச்சிகளால் தரை தட்டுதல், போன்ற ஒலிக்குறிப்புகள் மூலம் சக விலங்குகளுக்கு தகவலை தெரிவிக்கின்றன. பொதுவாக பாலூட்டிகள், பறவை, ஊர்வன, நீர் நில வாழ்விகள் குரல்வளை பகுதியில், குரல் நாண் கொண்டுள்ளன. அவற்றின் சவ்வுகளால் ஒலி எழுப்பப்படுவது அவ்விலங்குகளின் இயல்பான செயல்பாடாகும்.

மனிதர்களால் கேட்டுணர இயலாத ஒலி நுண்ணொலி (அ) இன்ப்ராசவுண்டு (Infra Sound) ஆகும், கற்று, இடி, எரிமலை, பெருங்கடல் புயல், புவியதிர்வு ஆகியவற்றால் உருவாகும் ஒலியாகும்! இவ்வொலிகளை பெண் யானைகள் உணர்ந்து ஒருவரை ஒருவர் வாழ்த்திக்கொள்ள, ஆபத்தை வெளிபடுத்த, இணையினை அறிந்து கவர பயன்படுத்துகின்றன! தெரியுமா? நமீபியா, சிம்பாப்வே காடுகளில் நடந்த ஆய்வின்படி, யானைகள் 14-35 ஹெர்ட்ஸ் ஒலி உணருவதும், பல மைல்கள் கடந்து இவற்றின் மூலம் தொடர்பு கொள்ளுவதும் அறியப்பட்டுள்ளது. யானைகள் தலைப்பகுதியில் உள்ள தோல் அசைந்து, அதிர்வது, காற்று தும்பிக்கை ஒலி வருவது மூலமாக என பதிவு செய்யப்பட்டுள்ளது. இதேபோல் ஆண் விலங்குகள் இனப்பெருக்க நிலை அடைந்ததும், உரிய பெண் விலங்குகளை தேடியடைவதும், இத்தகைய தொடர்பின் மூலமாகவே ஆகும். 2004 ஆம் ஆண்டில் இந்தியாவில் ஏற்பட்ட "சுனாமி" பேரழிவினை முன் கூட்டியே காடுகளில் வாழ்ந்த யானைகள் மனிதர்களுக்கு முன்பே உணர்ந்து அறிந்ததாக தகவல்கள் உள்ளது.

திமிங்கலங்களும் இத்தகைய நுண்ணொலி அலைகளை நீருக்குள் பல நூறு மைல்களுக்கு அப்பால் உள்ள விலங்குகளுக்கு தெரிவிக்க கூடியனவாகும். டால்பின் விந்து திமிங்கலம் போன்றவை குறிப்பிட்ட ஒலிக்குறிப்பில் பாடல்களை படக்கூடியவை என்பது ஆச்சர்யமாகும்!

குரங்கினங்கள் தங்கள் உணர்வுகளை அதீதமாக, மற்ற விலங்குகளுக்கு வெளிப்படுத்த அதிக வீச்சுள்ள ஒலிகளை உருவாக்குகின்றன. தெல்மா ரோவேல் (1972) என்ற விஞ்ஞானி முகபாவனைகளுடன், உடலசைவு கூடிய ஒலிகள் எனவும், சில ஒலிகளை, முகபாவனைகளற்ற ஒலிகள் என இருவிதமாக பிரிக்கலாம் என கண்டுபிடித்தார். சண்டையிடுதல், பாலியல் செயல்பாடுகள், பயமுறுத்தல் மற்றும் நட்புணர்வு நிலைகளிலும் முக பாவனை, உணர்வுகளுடன் குரங்குகள் ஒலி எழுப்புவதாக தெரிகிறது. இரண்டாவது வகை ஒலிகள் விலங்குகள் தாம் ஒன்றையொன்று பார்க்காத நிலையில், குழு உறுப்பினர்களை ஒன்றிணைக்கப் பயன்படுத்தப்படுகிறது.மேலும் இவ்வொலிகள் 9 வகையாக வெளிப்படுத்தப்படுகிறது.

ஆளுமையினை உணர்த்த உதவும் கர்ஜனை, பயந்து குலைத்து குழு உறுப்பினர்களின் ஆதரவு தேடல், எதிரியை பயமுறுத்தும் குரைத்தல்,

எச்சரிக்கப்பட்ட பயந்த விலங்கு ":ம்" என்ற முனகல் எதிரி விலங்கு கண்டு எச்சரித்து "கீரிச்சிட்ட குரைத்தல், தன்னைவிட ஆளுமை பெற்ற எதிரியினை கண்டு மேலும் கீழுமாக கீரிச்சிட்டு ஒலி எழுப்புதல், பழிவாங்கும் விட்டு, விட்டு கீரிச்சிடுதல், பயந்து அலறுதல், வீழ்த்தப்பட்டு தோற்ற விலங்கு முனகலுடன் கூடிய நெடிய கீரிச்சொலி என பிரிக்கப்படுகிறது. வௌவால்கள் இதேபோல் நம் செவியால் உணர இயலா "எதிரொலி" (/Ultra Sonic Waves) அலைகள் எழுப்பி இருட்டிலும் உணவு தேடுகின்றன. ஒலிகள் மூலம் பல்வேறு விலங்குகள் தமது தகவல்களை பரிமாறிக் கொள்ளும் இயற்கையின் விந்தை ஆச்சர்யமானதே!

பறவைகள் ஒலி எழுப்பி பாடுதல் என்பது, நம்மால் ரசிக்கக் கூடியதாகவே உள்ளது. இப்பாடல் இனப்பெருக்க காலத்தினை ஒட்டியே அதிகம் உருவாகிறது. பறவைகளின் முச்சுக் குழல் பகுதியில் "சிரிங்ஸ்" என்ற ஒலியுருப்பின் மூலமாக இவ்வொலி எழுப்புகின்றன. உயரமான மரங்களில் உட்கார்ந்து பாடும் பறவைகள் அதிக வீச்சுடைய ஒலி எழுப்புவதாகவும், தரையில் உள்ள பறவைகள் மிக மெதுவாகவே ஒலி எழுப்பவும் செய்வதாக, ஐரோப்பிய நாடுகளின் ஆஸ்திரியா நாட்டின் பறவை ஆய்வாளர் இர்வின் நெமித் என்பவர் கூறுகிறார்.

கண்களால் கண்டுணர்ந்து "தொடர்பு கொள்ளுதல்" "கண்ணோடு கண் நோக்கின் வாய்ச்சொல் பயனுமில" என்ற சொற்றொடருக்கு ஏற்ப, விலங்குகளின் முக பாவனைகள், உடல் அசைவுகள், உடல் ரோமம் எழுப்புதல், காதலுணர்வு, வண்ணமாற்றம், முரட்டு தோற்றம் போன்ற நடத்தைகள் மூலம் பறவைகள், மீன்கள், நீர்நில வேள்விகள் மற்றும் பாலுட்டிகளில் நாம் "பார்வை தொடர்பு" களுக்கான எடுத்துக்காட்டுகளை அறிய இயலும். புறத்தோற்ற வேறுபாடுகளை வெளியிடுதலும், நடத்தை மூலமாக உணர்வுகளை வெளிப்படுத்தவும் இவ்வகையில் அடங்கும், நரிகள், ஓநாய்கள், தம் ஆளுமைத்தன்மையினை எதிரி விலங்குக்கு உணர்த்த சில சங்கேத குறியீடுகளை வெளிப்படுத்துகின்றன. இரு போட்டியாளர்களும் ஒன்றையொன்று சுற்றும், உறுமி தங்கள் ரோமத்தினை சிலிர்த்து உயர்த்துகின்றன. பற்களை வெளிக்காட்டுகின்றன.

மீன்களில் ஆண் ஸ்டிக்கிள்பேக் வகை, இனப்பெருக்க காலத்தில் வண்ணங்களை மாற்றிக் கொள்கின்றன. பறவைகள் தங்கள் வண்ணச் சிறகுளை, இனப்பெருக்க காலத்தில் வெளிக்காண்பித்து அழைப்பது. குறிப்பாக ஆண்மயில் தோகை விரிப்பது நாம் காணக்கூடிய ஒன்றுதான்! யானைகள் தம் துதிக்கையினை 45 டிகிரி வளைவில் நேராக நிமிர்த்தி உயர்த்தி எதிரி விலங்கை பயமுறுத்தலும், ஒருங்கி பணிந்து போக துதிக்கையினை சுருட்டிக் கொள்வதும் ஒரு சங்கேத மொழியாகும்! நாய்கள் தம் வாலை இரு பின்னங்கால்களுக்கிடையில் கொண்டு

செல்வதும், பணிவுக்கு அடையாளமாகும். கிராண்ட் கேசல் மான்கள் தமது கொம்புகளை உயர்த்தி அசைத்தல் மூலம் எதிரி விலங்கினை பணிய செய்கிறது.

குரங்குகளிலும், மனித குரங்குகளின் பார்வைக் குறியீடுகள் சற்று வேறுபட்டு காணப்படுகின்றன. உடல் தோற்றநிலை, முக, உடல் பாவனை, வலையசைவு, ரோமம் குத்திட்டு நிற்றல் ஆகியனவாகும். கொரில்லா விலங்குகள் பயந்தால் புல், தாவரங்களைப் பிடுங்குகின்றன. மார்பில் அடித்துக் கொள்ளுகின்றன. மேலும் காலால் ஓங்கி தரையிலடிக்கின்றன. சாதாரணமாக குரங்குகள் பயந்தால் நேராக அமராது. தமது கால், கைகளை உடலுடன் சேர்த்துக் கொள்ளும். ஆனால் தைரியமானவை. சற்றே உடலை நீட்டி இயல்பாக அமர்கின்றன.

முக பாவனை மாற்றுதல் குரங்குகளில் எளிதாக உணரும் சங்கேத மொழியாகும். வானத்தில் விமான பறக்கும் ஒலி கேட்டால், மரக்கிளைகளை அசைத்தல் நிகழ்கிறது. எதிரி விலங்கினை கண்டாலும், ஆண் விலங்குகள் கூடினாலும் இத்தகைய நடத்தை அவ்வப்போது ஏற்படுகிறது. பல பாலூட்டி விலங்குகளில் வால் உயர்த்துதல், கால்களுக்கிடையில் கொண்டு செல்லுதல், பெண் குரங்குகள் இனப்பெருக்க கலவிக்கு அழைக்க வாலை அசைத்து, தலை அசைத்தல் போன்ற செயல்பாடுகள் பார்வை குறியீடுகளாக விளங்குகின்றன. புத்துலக் குரங்குகளான டாமரின், மர்மோசேட் போன்றவை, "முடி உயர்த்துதல்" என்ற செயல்பாட்டின் மூலமாக தகவல் தெரிவிக்கிறது.

ஆழ்கடல் விலங்குயிரினங்கள் "உயிர் ஒளித் தோற்றம்" (Biolumimisence) மூலமாக ஒளிக்கற்றைகளால் தகவல் வெளிப்படுத்துகின்ற நிலை ஆச்சரியமானதல்லவா?

வேதி சங்கேத குறியீடுகள் பலவிலங்குகளில் பிரோ∴மோன்கள் திரவத்தின் மூலமாக நடைபெறுகிறது. எல்லைகளை குறியிட பெரும்பாலும் உதவும் இம்முறை சிறுநீர், மலக்கழிவு மூலம் மற்ற விலங்குகளுக்கு உணர்த்தப்படுகிறது.

நேரடி உடல் தொடர்பு மூலமாக தகவல்களை பரிமாறிக் கொள்கின்ற முறை விலங்குகளில் பயன்படுத்தப்படுகிறது, குறிப்பாக சமூகப்பிணைப்பு, உடல் நீவுதல், குட்டி பேணுதல், இனப்பெருக்க கலவி செயல்பாடுகளில் இத்தகைய தொடர்பு விலங்குகளில் நிகழ்கின்றன. சமூக விலங்குகளில், குரங்குகள், மனித குரங்குகளில் உடல் நீவுதல், தழுவுதல், லேசாக தொடுதல், முத்தம் போன்ற தொடர்புகள் காணப்படுகின்றன. புலி, ஆடு, மான், நாய்கள் போன்றவற்றில் தாய் விலங்குகள் குட்டிகளை நாவினால் நக்கி கொடுத்தல், பறவைகளில் அலகுகளினால் ஒன்றையொன்று உரசுதல், இறகு நீவுதல் போன்றவையும் சில வகை சமூக பூச்சிகளில், உணவினைக் கண்டு நடனமிடுதல், சில பூச்சிகளில் பாதுகாப்பு உறுப்புகளை தம்மைச் சுற்றி நிறுத்திக் கொள்ளுதலும் ஒரு தகவல் தெரிவிப்பு முறையாக உள்ளது.

பல்வேறு பூச்சிகள், மீன்கள், விலங்குகள் போன்ற உயிரினங்களின் செயல்பாடுகள் சங்கேத குறியீட்டு மொழிகளைக் கொண்டு, ஒலி, பார்வை, வேதிப்பொருள், உடல் தொடர்பு ஆகிய வழிகள் மூலம் தம் குழு உறுப்பினர்களுக்கும், எதிரி விலங்குகளுக்கும் உணர்வினை, செயல்பாடுகளை தெரிவிக்கின்றன.

மனித இனம் மேம்பட்டு எத்தனையோ, தகவல் தொடர்பு முறைகளை அறிவியல் ஆய்வுகள் மூலம் கண்டுபிடித்து தற்காலத்தில் செயல்படுத்தி வருகிறோம்! எனினும் நம்மைவிட பரிணாம வளர்ச்சியில் பிற்பட்டதாகக் கருதப்படும் உயிரினங்களின் தொடர்பு முறைகள் வியப்பினையும், ஆச்சரியத்தையும் அளிக்கின்றதே!

11

ஒரு சாண் வயிற்றுக்கு

ஒரு உயிரினம் இவ்வுலகில் தோன்றி வெற்றிகரமாக வாழ்வதற்கு அது தனது சூழலுக்கேற்றபடி "தக்கன தப்பி பிழைத்தல்" கோட்பாட்டின் படி போராடித்தான் ஆக வேண்டியுள்ளது. ஆற்றலை பெருக்கி கொள்ள அமீபா முதல் மனித இனம் வரை "உணவு தேடல்" என்பது அதன் வாழ்வின் முக்கிய செயல்பாடு ஆகும். உணவைத் தேடுவதிலும், தேர்ந்தெடுப்பதிலும், உட்கொள்ளுவதிலும் இயற்கையே சில விதிகளை ஏற்படுத்தி உள்ளது விந்தையே!

1. ஒவ்வொரு உயிரினமும் தன் தலையினை விட பெரிதான ஒன்றை உண்ணாது.
2. ஒவ்வொரு உணவுப் பொருளும், சரியான தேவையான நேரத்தில் அதிக ஆற்றல் தரக் கூடியதாக அமைவது நன்று.

உணவு மக்கும் கரிம பொருள், வேர், தண்டு, இலை, பூக்கள், பழங்கள், கொட்டைகள் போன்றவை முதல் மாமிச உணவாக, சிறு மிதவையுயிரிகள், பூச்சி, இறால், சிறுமீன், பெருமீன், மான்கள் போன்றவைகள் நீரிலும், நிலத்திலும் பல்வேறு வகைப்பட்டன. எனினும் உணவைத்தேடும் நடத்தைகள் பறவைகள்,

மீன்கள், நிலவாழ் விலங்குகள் ஆகியவற்றில் அவற்றின் தேவைக்கேற்ப, மாறுபாடு இருப்பது அதிசயமே!

மனித இனம் போல விரும்பிய உணவை, குறிப்பிட்ட நேரத்தில் கிடைக்க செய்யும் நிலை எந்த விலங்கும் பெறவில்லை! ஒவ்வொரு முறையும் உணவினை அடைய பல்வேறு முறைகளை அவை பின்பற்றுகின்றன! அதிலும் உணவைத் தேடும் பொழுது, அடுத்த எதிரி விலங்குக்கோ, பறவைக்கோ தாமே உணவாகும் நிலை! இயற்கையில் இந்நிகழ்வு ஆச்சர்யமே! ஆம்.

தேடினாலும் ஓணான், பல்லிகளுக்கு அப்பூச்சிகள் உணவாகிவிடும்! இப்பல்லி போன்ற ஊர்வன விலங்குகளை அதே மரத்தில் வரும் சிறு பறவைகள் உணவாக்கி கொள்கின்றதே! சிறு பறவைகள் என்றோ ஒரு நாள் அம்மரத்தில் தங்கும் பாம்பு, கழுகு பறவைகளுக்கு உணவாகின்றதே! இத்தகைய "உணவு சங்கிலி" விதி பல்வேறு ஆற்றல் மட்டங்களை கொண்டு அனைத்து இயற்கை சூழலிலும் அங்கு வசிக்கும் உயிரினங்களிடையே தொடர்ந்து வருகிறது.

பலவகை உணவுத் தேடும் விலங்குகள் என்பவை மிகப் பெரிய திமிங்கலம் முதல், நுண்ணுயிரியான புரோட்டோசோவன் வரை காணப்படுகிறது. இவை பெரும்பாலும் தாவர உணவுகளை, அவற்றின் பல்வேறு பகுதிகளையே தேடி உண்ணுகின்றன. ஆனால் கரையான் போன்ற மிகச் சிறு உயிரினங்கள் வறண்ட, இறந்த மரத்துண்டுகளில் செல்லுலோஸ் உணவினை தேடுவது விந்தையே! மாமிச பச்சையான ஆப்ரிக்க செர்வெல் பூனைகள், காய்கறிகளை அவ்வப்போது உண்பதும், நம் ஊர் நாய்கள் அசாதாரண சூழ்நிலையில் அறுகம்புல் மேய்வதும், உணவுத் தேடலின் ஒரு வேறுபட்ட அம்சமாகும்.

விலங்குகள் தமது பாரம்பரியத்தை தொடர இனப்பெருக்கம் செய்ய, மற்ற வளர்ச்சி செயல்பாடுகளுக்கும் உணவின் ஆற்றல் அவசியமே. உணவின் ஆற்றல் கலோரி அதிகபட்சமாக இருந்தால் மட்டுமே அவற்றிற்கு முழுமையான லாபமாகும்.

ஒரு குள்ள நரி, ஒரு முயலை எளிதில் வேட்டையாடி பிடித்து உணவாகி கொள்வதில், அவை நாள் முழுவதும் சிறு பூச்சிகளை, விலங்குகளை தேடிப்பிடித்து, கொஞ்சம், கொஞ்சமாக உணவு தேவையினை நிறைவேற்றுதலை விட ஒரே நேரத்தில் முழு உணவு கிடைத்துவிடுகிறது. ஒட்டகச்சிவிங்கி விலங்கு அகேசியா முள் மர இலைகளை, உணவாகக் கொள்கின்றன. முட்களை அகற்றி உண்ணுகிறது. இவ்விலங்கின் வாய்ப்பகுதியில் மேலுதடு வளையக்கூடியதாகவும், சிறு அரும்புகளை கொண்டிருப்பதால், முட்களை அகற்றி உணவு உட்செலுத்தும் தகவமைப்பு கொண்டுள்ளது. மரங்களிலேயே வசிக்கின்ற பறக்கும் அணில்களின் கால்கள் எளிதாக, மரக் கிளைகளைப் பிடித்து தொங்கும் அமைப்பும், நீளமான முன் பற்களும் உள்ளதால், கனிகளை உண்ண எளிதாக, அமைந்துள்ளன.

பெரும் விலங்குகள் மட்டுமல்ல, மிகச்சிறு பூச்சிகளின் உணவீட்ட தகவமைப்புகளைக் கூட இயற்கை மிகச் சிறப்பாக அமைத்திருக்கிறது தெரியுமா? மேலும் அச்சிறு பூச்சிகளின் மூலம் மகரந்த சேர்க்கை ஏற்படுத்தி, தாவரங்கள் இனப்பெருக்கம் செய்து கொள்கின்றன! தாவரத்திலுள்ள பூக்கள் பூச்சிகளை கவரும் நிலையில் மிக கவர்ச்சிகரமாக தம் தோற்றத்தினை வண்ணத்திலும் வடிவத்திலும் உருவாக்கிக் கொள்கின்றன. மணம், வண்ணம், வடிவம், மலரிலிருந்து தேன் சுரப்பு, அதனைத் தொடர்ந்து தாவரத்திற்கும் பயன்படும் இச்சிறப்பு மிக அதிசய நிகழ்வு என்பதனை நாம் உணரலாம்.

இதேபோல் சில பூச்சிகள் மரங்களை துளையிடும், மண் பகுதியினை பொந்து விலங்குகள் குடைந்து மக்கு உணவாக்க கொள்வதும், நீலத்திமிங்கலம் போன்ற மிகப்பெரும் நீர் பாலூட்டிகள் பத்தாயிரம் கிலோ எடையுள்ள இறால்களை வடிகட்டி உண்ணும் ஆச்சரிய செயல்பாடுகளும் விலங்குலக விந்தையே! வடிகட்டி, உண்ணுதல் சில மீன்களுக்கும், சிலியா குறுயிழை பயன்படுத்துதல், பறவைகளில் வாத்துக்கள், சில கொக்கு பறவை நாரைகள் தேர்ந்தெடுத்து நீர் உயிரினங்களை உண்ணுதல் போன்றவை உணவீட்ட முறைகளில் வேறுபட்டு விளங்குகின்றன.

உணவீட்ட முறைகளில் மிக முக்கியமானது, வேட்டையாடுதலாகும். பெரும்பாலும் மாமிச உண்ணி விலங்குகள் இம்முறைகளை பின்பற்றுகின்றன. நிலையாக ஓரிடத்தில் காணப்படும் உணவினை வேட்டையாடுதலும், மிக விரைவாக நகர்ந்து செல்லும் உணவு (அ) உயிரிகளை பிடித்தலும் வெவ்வேறு வகை செயல்பாடுகளாகும். குறிப்பாக, புலி, சிறுத்தை போன்றவை உணவு விலங்குகளின் கழுத்தை கவ்விப்பிடித்தலை பூனைகள், எலிகளின் கழுத்தை காலால் அடித்து பிடிப்பதைக் கண்டே நாம் அறிய முடியும். சில வேட்டை விலங்குகள் கூட்டமாக ஒருங்கிணைந்து உணவு தேடுகையில், உணவு பிடித்தலின் திறன், உணவு கிடைத்தல், உட்புகுதல் ஆகியவற்றில் பலன் அதிகம் கிடைப்பதாக தெரிகிறது. வெவ்வேறு வகை பறவைகள் ஒரே இடத்தில மேய்ந்து உண்பதும் சமூக விலங்குகளின் செயல்பாடாக உள்ளது.

மிக நுண்ணிய சிறு உயிரினங்கள் ஒட்டுண்ணி, சாறுண்ணி உணவு முறைகளை மேற்கொண்டுள்ளவை, புற ஒட்டுண்ணி விலங்குகள் (அ) பூச்சிகள் பிற உயிரினங்களின் தோல், உடல், ரோமம் ஆகியவற்றிலிருந்தும், அக ஒட்டுண்ணிகள், இரத்தம், தசை,உணவு மண்டல பகுதியிலிருந்தும் தம் உணவினைத் தேடிக் கொள்கின்றன. கொசு, பேன், சில வகை புழுக்களான அஸ்காரிஸ், நாடாப்புழு, கொக்கிப்புழு, எண்டமீபா, பிளாஸ்மோடியம் போன்ற ஒரு செல்யுயிர்களும் இம்முறையில் உணவினை அடைகின்றன. இரத்தத்தினை மட்டும் உணவாக அடையும் சில புழுக்கள், மூட்டைப்பூச்சி, கொசு, லாம்ப்ரேமீன்கள், கணுக்காலிகள், அட்டை, வெளவால்கள் போன்றவையும் இறந்த தாவரம், விலங்குகளை மட்டும் உணவாக கொண்ட விலங்குகள் இயற்கையில்

நாம் காண்பதும் அதிசயமாகத்தானே அமைந்துள்ளது. ஆற்றலைப்பெறும் செயல்பாட்டிற்காக, உணவு தேடுதலோ, வேட்டையாடுதலோ, உறிஞ்சுதலோ, எம்முறையாக இருந்தாலும், உணவு தேடும் விலங்கின் உடலளவு, உணவுத்தேவைக்கேற்றவாறு உணவு தேடும் முறைகளும் விலங்கினங்களில் மாறுபட்டு அமைந்து வருகின்றன. உணவினை பெற்ற பின்பும், உண்ணும் முறைகளும், நுண்ணுயிர் முதல் பாலூட்டி வரை அவற்றிற்கேற்றவாறு அமைந்துள்ள இயற்கையின் விந்தையினை நாம் ரசிப்போமா! மேலும், தேவைக்கேற்ற பொழுது மட்டும் உணவு தேடும் நிலை பல விலங்குகளைக் கண்ட பின் தான் நம்மால் உணர முடியும். "அன்றாட வாழ்க்கைக்கு அயரா தேடல்" போன்ற பண்பினை விலங்கு, பறவைகளிடமிருந்து மனித இனம் கற்றுக் கொள்ள வேண்டும் என்பதில் மிகையில்லை.

12

என்கிட்டே மோதாதே!

எனக்கு உடனே "சட்டுன்னு" கோபம் தலைக்கேறிடுச்சி! இந்த மாதிரியான வார்த்தையை நம் மனிதர்களிடையே அடிக்கடி கேட்டு இருக்கலாம்! கோபத்தைக் குறைக்க, ஆன்மீகம், யோகா, இன்னும் எத்தனை.... ஆனால் இது விலங்குகளுக்கும் நமக்கும் உள்ள பொதுவான நடத்தைத்தான். இரு தனிப்பட்ட நபர்களிடையே ஏதோ ஒரு பொருளுக்காக உரிமை கொண்டாடுகையில், உணவு, நீர், இடம், இனப்பெருக்க துணை போன்றவற்றிக்கான போட்டியில் கோபம் அல்லது சினம் உருவாகிறது.

சினம் மன எழுச்சி மூலம் மென்மையாக துவங்கி, நடுத்தரமாக பயணித்து, உச்ச கட்டத்தை அடைகின்ற நிலையில், முகத்தோற்றம் மாறும், விரட்டல், கவ்விப் பிடித்தல், தள்ளுதல், ஓங்கி அறைதல், இழுத்தல், இறுதியாக சண்டையிடுதலில் முடிகிறது. சின நடத்தையில் நான்கு சிறு பகுதிகளாக உணர்வுகள் துவங்கும், பயமுறுத்தல், சண்டை, ஒத்துப்போதல், தப்பித்தல் ஆகியன ஆகும்.

சினம் நடத்தை ஒவ்வொரு முறையும், உள் அல்லது வெளித்துடல்களாகிய, பசி, தாகம், வலி, இனப்பெருக்கம், சமூகச்சூழல், பாரம்பரிய காரணிகள், கற்றல், வெறுக்கத்தக்க பழைய நினைவுகள் ஆகியவற்றால் ஏற்படுகிறது.

சிலருக்கு அன்னியரைக் கண்டாலே மனதில், சின உணர்வு தலைதூக்கும். விலங்குகளுக்கும் இதே நிலை தான். சீனோ போபியா (xenophobia) என்றழைக்கப்படும் இதன் கோட்பாடு யாதனில் விலங்குகளின், பறவைகளின் குழு உறுப்பினர் அல்லாத எந்த ஒரு வேறு உயிரினியத்தையும் தம் எல்லைக்குள் அனுமதிக்காமல் விரட்டி விடுதலேயாகும்.

விலங்குகளோ அல்லது மனிதர்களோ, நம்மில் யாரேனும் கூட அதிக கூட்டத்தைக் கண்டாலும், சின உணர்வு, உருவாக காரணமாகிறது. பயணங்களில் (பேருந்து, ரயில்) நாம் அதிக நெரிசலை காணும்பொழுது, இடப்பற்றாக்குறை அடிப்படையாக தனி நபருக்கு குறைவுபடும் வசதி. இவற்றால் சினம் உருவாகி சண்டையிடுதல் முடியும். இதே நிலையில் விலங்குகளும் கூண்டுக்குள் அடைத்து வைக்கின்ற பொழுது, அதிக முரட்டு சின நடத்தைகளை தமக்குள் ஏற்படுத்துகின்றன, சவுத்விக் (1969) என்ற விஞ்ஞானி, ரீசஸ் குரங்குகள், சுதந்திரமாக வனங்களில் இருக்கையில் மகிழ்வாகவும், கூண்டுகளில் மிக கோபமாகவும் உள்ளதாக தெரிவிக்கிறார். எலிகளிலும் இத்தகைய நோய் நடத்தைகள் சண்டை, குட்டிக்கொலை போன்றவை கண்டறியப்பட்டதாக கால் கூன் (1962) என்ற ஆய்வாளர் கூறுகிறார்.

தமது எல்லைக்குள் பிறரை நுழைய விடாமல் தடுக்கும் நடத்தை அதற்கான சங்கேத குறியீடுகளை வெளிப்படுத்துதல் விலங்குலகத்தில் பொதுவான நடத்தையாகும். மூன்று முள் மீன்கள் இனத்தில் பெண் இனத்தினை மட்டும் ஆண் அருகே அனுமதித்தல் அறியப்பட்டுள்ளது, எறும்புகளின் சமூக கூடுகளில், அன்னிய எறும்புகள் வருவதை தடுக்க, எச்சரிக்கை "பிரோ∴மோன்கள்" மூலம் குழுவின் ராணுவ எறும்புகளுக்கு தகவல் தெரிவிக்கையில், அவை உடன் அவ்விடத்தில் கூடி அன்னியரை சுற்றி வளைக்கும் நடத்தை அதிசயமானதல்லவா? இதே நடத்தை குரங்குகள், சிங்கம், பபூன் குரங்குகள், சீல் போன்ற இனங்களிலும் காணப்படுகிறது.

இனப்பெருக்க செயல்பாடுகளின் போதும், ஆண் விலங்குகள், போட்டியிடும் எதிரி விலங்குகளை பயமுறுத்துவதும், பெண் விலங்குகளை கடிப்பதும் அறியப்பட்டுள்ளது. ஹிமட்ரயா பபூன்கள் பயமுறுத்தி இளம் பெண் விலங்குகளை, இனப் பெருக்கத்திற்காக தம் குழுக்களுக்குள் வற்புறுத்தி இணைத்துக் கொள்கின்றன. பெரும்பாலும் தம் வலிமையினை, கொம்புகள் போன்ற ஆயுதங்களை வெளிப்படுத்தியே எதிரிகளிடம் காண்பிக்க முயலகின்றன. மான்கள் நீண்ட கொம்புகளை அசைத்தல், புலிகள் உறுமி, முன்பற்களை வெளிக்காட்டி பயமுறுத்தல், நாய், ஓநாய் போன்றவை தம் வாயின் அனைத்து பற்களையும் காட்டி மெதுவாக குரைத்தல் போன்றவை மேற்கொள்கின்றன. இதில், பெரும்பாலும் வலிமைகுறைந்த விலங்குகள்,மற்றொரு விலங்கின்

பயமுறுத்தல் நடத்தை கண்டு அவ்விடத்திலிருந்து வெளியேறுவது இயல்பாக நிகழ்கின்ற காட்சியேயாகும்.

முன் நினைவு, குறிப்பாக வெறுப்புணர்வு மூலம் சினம் ஏற்படுதல் விலங்கு,மனிதர்களிடையே உள்ளது. தொடர்ந்து மின்சார தாக்குதல் அளிக்கப்பட்ட இரு எலிகள், அடிக்கடி தமக்குள் சண்டையிட்டுக் கொள்கின்றன. நாம் ஒரு நாய் குட்டியினை தனியாக கட்டிவைத்து தொடர்ந்து அடித்து, திட்டுதல் மூலமாக எதிர்காலத்தில், மிக "முரட்டு நாய்" ஒன்றினை உருவாக்கி தர உள்ளோம் என்பது தான் உண்மை. தொடர்ந்து பாதிக்கப்பட்ட உயிரினங்கள், கோபமான உணர்வை வெளிப்படுத்துவது இயல்பாகி விடுகின்றன.

சமூக உயர்வுநிலை அல்லது ஆதிக்க நடத்தை என்பது குழுவில் சில உறுப்பினர்கள், குறிப்பாக முதிர்ச்சியடைந்த விலங்குகள், இளம் விலங்குகளிடம் காண்பிப்பது இயல்பாகும். ரீசஸ் குரங்குகள் வாலை உயர்த்துவதும், ஓநாய்கள் வால் உயர்த்துதல் மற்றும் முக தோற்ற உணர்வு மாற்றுதல் போன்றவை குழுவிலுள்ள உறுப்பினர்களிடம் தேவையற்ற சண்டைகளை குறைக்கிறது. ஆதிக்கத்தை அறியுமாறு குழு உறுப்பினர்களை வலியுறுத்த, பயமுறுத்தல், முட்டுதல்,பற்கள் வெளிக்காண்பித்தல் ஆகிய நடத்தைகள் சாதரணமாக முதிர்ச்சி விலங்குகள் தோற்றுவிக்கின்றன. பறவைகளிலும் இத்தகைய ஆதிக்க நடத்தை உருவாகின்றன.

"பசி வந்தால் பத்தும் பறந்துபோகும்" என்ற சொற்றொடருக்கிணங்க விலங்குகளில் உணவின் அளவின் அடிப்படையில் போட்டியும், சின நடத்தையும் உருவாகின்றன. குரங்குகள், கழுதைப்புலி, சில குறிப்பிட்ட பறவைகள் (ஆக், ப்பின், நீர்க்காகம், கடல் ஆலா) போன்றவற்றில் இத்தகைய நிலை காண முடிகிறது. விலங்கு பெற்றோர்கள் கூட தம் கூட்டினை காப்பதற்கும், தம் குட்டிகளிடம் ஒற்றுமை பேணச் செய்யவும், சின நடத்தைகளை தோற்றுவிக்கிறது. முதலை தனது கூட்டினை மிக பயங்கரமான நடத்தையுடன் பாதுகாக்கிறது. ரீசஸ் குரங்குக் குழுக்களில், தாய் குரங்கு தனது குட்டிகளிடம் மென்மையாக சினப்படுகின்றன. உட்சண்டையினை நிறுத்துதல், தம்முடன் அழைத்துச் செல்லுதல், தாய்ப்பால் மறக்க செய்தல், வளரும் நிலை போன்ற பல்வேறு சந்தர்ப்பங்களில் குட்டிகளிடம் பாதுகாப்பான சின உணர்வினை தாய் விலங்குகள் உருவாக்குகின்றன. தெரியுமா!

பொதுவாக விலங்குகளின் சின உணர்வு தோற்றம் பற்றி சிந்தித்தால் அறிவியல் பூர்வமாக கற்றுக் கொண்டதா? அல்லது தானே சுயமாக உள்ளுணர்வால் ஏற்பட்டதா? என்றாலும், லோரன்ஸ் என்ற அறிஞர் சூழ்நிலை மாற்றத்தால் சின உணர்வு குறையாது என்றும் உள்ளார்ந்த தோற்றத்தில்

இவ்வுணர்வு உருவாக அதிக வாய்ப்புள்ளது என்கிறார். டார்வின் வலிவுற்ற சினம் அதிகமான விலங்குகள் இனப்பெருக்க திறன் பெற்றவை என்கிறரர். மேலும் இந்த நடத்தை விலங்குகளின் வாழ்வாதாரத்திற்கு மிக முக்கியமான ஒன்றாகும். சின உணர்வு விபத்து போல திடீரென்றும், முன்னேற திட்டமிட்டும், உடல் ரீதியாகவும், மன ரீதியாகவும் வெவ்வேறு நிலையில் வரலாம்.

சின உணர்வுக்கு டெஸ்டோஸ்டிரோன், என்ற ஹார்மோன் கூட காரணமாக இருக்கிறது. காளை மாடுகளில், "ஆண்மை நீக்கம்" அவற்றின் முரட்டுத்தனமான சில நடத்தைகளை குறைக்கிறது. ஆண்ட்ரோஜன், எஸ்ட்ரோஜன், லூடினைசிங் ஹார்மோன்கள் சின நடத்தையின் வீச்சினை அதிகரிக்கிறது. எபிநெப்ரின், நார்எபிநெப்ரின் ஹார்மோன்கள் சண்டையிட்டு அல்லது தப்பித்தல் நடத்தையினை உருவாக்குகிறது.

சின நடத்தையின் முக்கிய பகுதி விலங்குகளில் வேட்டையாடுதல், தமது உறுப்புகளை ஆயுதங்களாக பயன்படுத்துதல் பாம்பின் பற்கள், பறவை அலகு, பூச்சிகளின் கொடுக்குகள்,பற்கள்,கொம்புகள், நகங்கள் போன்றவை மூலம் தாக்க உதவுகின்றன.

சின நடத்தை உடலின் மூளை, ஹார்மோன்கள் கட்டுப்படுத்துகின்றன. எனினும் அனைத்து விலங்குகளிலும் சராசரியாக சின உணர்வு துவக்கத்தில் ஓங்கி, பின்னை சம நிலைக்கு சென்று வீச்சு குறைகிறது.

13

இது எங்க ஏரியா...

உயிரினங்கள் அனைத்துமே, தாம் வாழுமிடத்தினை தேர்வு செய்து, ஆக்கிரமித்தல். அங்கேயே தங்குதல் என்பது இயல்பான ஒன்றாகும். மனித இனத்தில், தாம் வசிக்கும் பகுதி, தெரு, ஊர், மாநில, நாடு என உணர்வு கொண்டு வாழ்கின்ற நிலையில், விலங்குகளில் இத்தகைய வாழிட எல்லை நடத்தை முதுகெலும்பற்ற உயிரினங்களான நட்சத்திர மீன், நண்டு, சிலந்தி, பூச்சிகள் ஆகியவற்றில் அதிகமாக காணப்படுவது விந்தையே!

வாழிட எல்லை என்பது தேர்வு செய்யப்பட்ட பாதுகாப்பான பகுதி! “இது எங்க ஏரியா” என்று விலங்குகள் உணவு,நீர் மற்றும் தப்பிக்க எளிதான பாதை ஆகியன கொண்டது. பொதுவாக இவ்வெல்லைப்பகுதிகள் விலங்குகளால் குறியிடப்படுவது, மேலும் விந்தைக்குரிய செய்தியாகும்,பிரமோன் வேதி திரவங்கள் மூலமாக, காட்டின் புறப்பகுதி, மரப்பட்டைகள், நீரோடைகள், கற்கள் ஆகியவற்றில் குறியீடு செய்யும் வழக்கம் விலங்குகளுக்கு உண்டு. இதில் தூங்கும் பகுதி, உணவீட்ட பகுதி, சிறுநீர் கழிக்குமிடம், சாணக்குவியல், குடிநீர்ப்பகுதி, மரத்தினை உரசுதல் ஆகியன முக்கியமானவை. அறிந்து கொள்ளுங்களேன்!

விலங்குகளின் வாழிட எல்லையினை நான்கு பிரிவுகளாக பிரிக்கலாம்.

1. மொத்த எல்லைப்பகுதி
2. வாழிட எல்லை
3. எல்லைக்கோட்டு பகுதி
4. முக்கிய வாழிடபகுதி

இவற்றில் தனிவிலங்கோ அல்லது விலங்குக் குழுவோ தமது, வாழ்நாள் முழுவதும் சுற்றிவந்து பயன்படுத்தும் அனைத்து பகுதிகளும் மொத்த எல்லை ஆகும். முழு முதிர்ச்சியடைந்த விலங்குகள் தமது தங்குமிடம் உணவு, நீர், தப்பிக்கொள்ள எளிய பாதை ஆகியவற்றுடன் கூடிய பகுதியில் இனப்பெருக்கம் செய்யவும், சுதந்திரமாய் இயல்பாய் வசிக்கும் பகுதி ஆகும்.

இங்கு நிலக்குறியீடுகள், சங்கேத நுகர்வு திரவக்குறியீடுகளை கொண்டு அமைந்துள்ளது. இங்கு மாதக் கணக்கில் விலங்குகள் வசிக்கின்றன. எல்லைக்கோட்டுப்பகுதி சில நாட்கள் விலங்குகள் வந்து பார்வையிடுகின்றன, எதிரி விலங்குகள், அங்கு வரும் நிலையில் விரட்டுமிடமாக உள்ளது. முக்கிய வாழிடப்பகுதியே விலங்குகளின் அதிக நேரம் வசிக்குமிடமாகிறது. இங்கு பகலில் பெரும்பான்மையான நேரம், குறிப்பாக உறங்குமிடமாக உள்ளது.

எல்லைகள் என்பது சிலவகை குரங்கினங்களுக்கு ஒய்வு, இனப்பெருக்கம், கூடு, உணவிட்ட பகுதியாக அமைகின்றது. பல்வேறு பறவைகளுக்கும், மீன்களுக்கும், கூடுகட்டவும், இனப்பெருக்க செயல்பாடுகளுக்கு மட்டுமே எல்லை உதவுவதாக வில்சன் (1975) என்ற அறிஞர் தெரிவிக்கிறார்.

வாழிட எல்லை பகுதியின் அளவு எப்பொழுதும், விலங்கு சிற்றினங்களுக்கேற்றவாறு மாறுபடுகின்றது. குறிப்பாக, உடலின் அளவு, குழுவின் அளவு, வாழிடம், உணவு தேவைகளை பொறுத்தே எல்லையின் அளவு அமையும். மிகப் பெரிய விலங்குகளின் எல்லைகள் அகன்று, பரந்து காணப்படுகிறது. வரிக்குதிரை, காட்டு கழுதை, புலி, சிங்கம் போன்றவைகட்கு நூற்றுக்கணக்கான சதுர கி.மீ. பரப்புடைய பகுதி வாழிட எல்லையாக உள்ளது என இம்மேல் மான் (1989) என்ற விஞ்ஞானி கூறுவது வியப்பாக உள்ளது. எல்லையினால் முக்கிய பயன்கள் விலங்குகட்கு அதிகமாகவே உள்ளது.

விலங்குகளின் ஓர் பகுதியில் வசிக்கக் கூடியவை, ஒன்றிணைந்து குழுவாக மாறுகின்றன. இதனால் பெற்றோர் பாதுகாப்பு செயல்பாடு உறுதிபடுத்தப்படுகிறது. இனப்பெருக்க விலங்குகளின் எண்ணிக்கை தேர்வு செய்யப்பட்டு வரையறுக்கப்படுகிறது. தேவையான உணவு கிடைப்பதும், நோய்கள், பூச்சி, ஒட்டுண்ணி தாக்குதலில் தப்பிக்கவும் உதவுகிறது. எதிரி

விலங்குகளிடமிருந்து மறையும் பகுதியாக விளங்கும் எல்லை, சமூக குழு நிலைப்பாட்டிற்கு பயனளிக்கிறது.

எல்லைப்பகுதி கூடுகட்டவும், இனப்பெருக்க இணை சேருமிடமாகவும், பயன்படுவது மட்டுமின்றி, தம் குழு உறுப்பினர்களுடன், சச்சரவு விலக்கும் பகுதியாக காணப்படுகிறது என்றால் மிகையில்லை. ஜிப்பன் குரங்குகள், புதர்க் கோழி, சிவப்பு வால் வல்லூறு பறவை மற்றும் ஓரின இனப்பெருக்க விலங்குகள் தமது அனைத்து செயல்பாடுகளை ஆண், பெண், குட்டிகள் மட்டும் இணைந்து வசிக்குமிடம் "இணை எல்லை": என்றழைக்கப்படுகிறது. குரங்குகள், கொறிக்கும்பொந்து விலங்குகள், இருவாட்சி பறவை, குயில்கள், கடல் பசு, வால்ரஸ் போன்ற சமூக உயிரனங்கள் வசிக்குமிடம் "குழு எல்லை" எனக் கூறப்படுகிறது.

விலங்குகள் தமது எல்லையினை குறியீட்டு, தமது இனமும், அன்னிய விலங்குகளும் உணர்ந்து, அறிந்து கொள்ள குறியீட்டு முறைகளை பின்பற்றுகின்றன தெரியுமா? மனித இனம் எல்லைக்கல், வேலி, நாட்டின் ராணுவம் கூட வேலிகள், நாட்டின் கொடி அமைத்தல் போன்ற செயல்கள் எல்லைகளை வரையறுக்க மேற்கொள்ளப்படுகின்றன.பார்வை குறியீடு அமைத்தல், ஒலிக்குறியீடு உருவாக்குதல், நுகர்வுக்குறியீடு ஏற்படுத்துதல் போன்றவை மிக அதிகமாக பயன்படுத்தப்படுகிறது. வண்ணச்சிறகுகள், செதில்களும் இரண்டாம் நிலை பால் பண்புகள் உறுப்புகளை தோற்றமளிக்க செய்தல் ஆகியவற்றை சில மீன்களும், பறவைகளும் செயல்படுத்துகின்றன. தவளைகள், பல்லிகள், ஹவுலர் குரங்கு, ஜிப்பன் குரங்கு, உராங் உடான் போன்ற விலங்குகளின் ஒலி சில பறவைகளின் பாடல்கள் ஆகியவை ஒலிகுறியீடுகளாக எல்லைகளை உணர்த்த உதவுகின்றன, ஆப்ரிக்க டபீர் மீன்கள் மின்சார தாக்குதலை ஏற்படுத்தி எல்லை குறிப்பது விந்தையாக உள்ளது. பொதுவாக எல்லைகள் என்பது வெவ்வேறு சிற்றின்ங்களின் போட்டியிடுதலை தவிர்க்க உதவுகிறது. முதுகெலும்பற்ற உயிரினங்களான மெல்லுடலிகள், வளைதசை புழுக்கள், கணுக்காலிகள், நண்டுகள், பூச்சிகள் ஆகியவையும் இத்தகைய எல்லை வரையறைகளை மேற்கொண்டு வருகின்றன என்பது அதிசயமேயாகும். தட்டான்பூச்சி தனது எல்லையாக 1-3 ச.கி.மீ. பரப்பளவு கொண்டுள்ளது என்று ரா (1975) என்ற அறிஞர் கூறுகிறார். யோஷிகாவா (1973), பிரையன் (1955) ஆகிய விஞ்ஞானிகள் தேனீ, எறும்புகளின் எல்லைப்பற்றி ஆய்வு மேற்கொண்டனர். இவை ஏறக்குறைய 3.3 மீ. சுற்றளவு கூட்டிலிருந்து வாழிட எல்லை பகுதி கொண்டு, 2.5 மீ. பகுதி பாதுகாப்பு எல்லையாக கொண்டுள்ளன என கூறுகின்றனர். நீர் நிலவாழ்விகளான தவளை, தேரைகளும், ஊர்வன விலங்காகிய பல்லிகள், பாம்புகள், முதலைகள்

போன்றவை எல்லை குறிக்கின்றன. ஆனால் ஆமைகளுக்கு இதுவரை எல்லை குறிக்கும் பண்பு இருப்பதாக பதிவு செய்யப்படவில்லை.

பெரும்பான்மையான முதுகெலும்பு விலங்குகள் மணம் மற்றும் திரவம் அல்லது பிரோஃமோன்கள் உற்பத்தி செய்கின்றன. குறிப்பாக, மூஞ்சூறு, வரி கழுதைபுலி, கருவால் மான் போன்றவை அதிகமாக இப்பண்பினை கொண்டுள்ளன. பாலூட்டிகள் எல்லைகளை குறிக்க, இணை சேர, தம் குட்டிகளை இனம் காண, தம் சொந்த வாழிடம் அறிய இத்தகைய நறுமண திரவ குறியீட்டு முறைகளை பின்பற்றுகின்றன. மேலும் இத்திரவம் சிறுநீர், மலக்கழிவு அல்லது உமிழ்நீர் மூலமாக வெளியேற்றப்படுகின்றன. சிறப்பாக பல விலங்குகள் தமது வாழிட எல்லையின் முக்கியப்பகுதி அறியவும், வழித்தடம், ஓய்விடம், உணவு மற்றும் உறங்குமிடங்கள் அறிய "நறுமண குறியீட்டு முறை"யினை பின்பற்றுகின்றன. மேலும் எதிரி விலங்குகள், விழ்த்தப்பட்ட தமது குழு உறுப்பினர்களை இனம் காண அவற்றின் மேல் சிறுநீர் கழிக்கும் வழக்கமும் இவை கொண்டுள்ளன. ஆண் நீர்யானை விலங்கு போன்றவை வழித்தடம் அறியவும், புலிகள், நில்கை விலங்குகள் குறிப்பிட்ட இடத்தில சாணமிடுவதை கொண்டு எல்லைகளை குறிக்கின்றன. சிங்கம், சிறுத்தை, புலி ஆகியவை சிறுநீர் மூலமாக தம் வாழிட எல்லை குறிக்கின்றன. கரடிகள் மரப்பட்டைகளில் கீறுதல், மென்றுத்தின்றல் போன்றவை செய்து அதே மரத்தில் சிறுநீர் கழிக்கின்றன.

எல்லைகளை குறியீட்டு, தமது வாழிடத்தினை உறுதிப்படுத்திக் கொள்ளவும், தான், தனது குழுக்களை பாதுகாத்துக் கொள்ளவும், சிறு உயிரினிங்கள் முதல் பாலூட்டிகள் வரை விந்தையான பல பண்புகளையும், தகவமைப்புகளையும் இயற்கை அளித்துள்ளது விந்தையாகும்.

14

ஒண்ணாயிருக்க கத்துக்கணும்....

ஒன்றாக இருப்பது ஒருமைப்பாட்டுடன் வாழ்வது, என்ற சொற்றொடர் அடிக்கடி நம் வீட்டிலும் பேசப்படும், பின்பற்றப்படும் ஒரு பண்பு ஆகும். விலங்குகளின் உலகத்தில், சமூக கட்டமைப்பு, சிற்றினங்களுக்கிடையில் மாறுபடக்கூடியது. சமூக கட்டமைப்பு, சீற்றங்களுக்கிடையில் மாறுபடக்கூடியது. சமூக கட்டமைப்பு என்பது ஒரு விலங்கு குழு ஒன்றாக இணைந்திருப்பதும், ஓர் இணையாக குடும்பம் போல் வசிக்கக் கூடியதும் ஆகும்.

விலங்குகளின் சமூகக் கட்டமைப்பு, மொத்த எண்ணிக்கை, வயது, பால் விகிதம், ஆண்களின் எண்ணிக்கை, எதிரி விலங்குகள், வாழிடம், உணவு பரவலும் கிடைத்தலும்ஆகியன என ஜெர்மான் என்ற அறிஞர் கூறுகிறார். எல்லா விலங்குகளும் சமூகத்தன்மை கொண்டவை அல்ல. கூட்டமாக விலங்குகள் கூடுவதும், சமூக கட்டமைப்பாக விலங்குகள் வாழ்வது வேறு ஆகும்.

கூட்டம் என்பது வெளிப்புற காரணிகளால் திடீரென்று ஏற்படக்கூடிய தற்காலிக குழு ஆகும். எடுத்துக்காட்டாக இரவில் பூச்சிகள் ஒளி தேடி வருதல், நீர் நிலைகளில் பறவைகள், விலங்குகள், நண்டுகள் கூடுதல் ஆகியவை ஆகும். சமூகக் கட்டமைப்பு என்பது விலங்குகளில் உண்மையாக சில குறிப்பிட்ட

சமூக உள்ளுணர்வுகளால் தூண்டப்பட்ட அமைப்பு ஆகும். உணவு, நீர், வாழ்விடம், உடல், பாலுறவுத் தேவைகள் ஆகியவற்றை பரிமாறிக் கொள்ளுதல் ஆகும். எனினும் சமூக நடத்தை என்பது ஒரே சிற்றினத்திற்குள் உள்ள விலங்கு அதே சிற்றினத்தின் வேறொரு விலங்குடன் ஏற்படுத்திக்கொள்ளும் உறவு (அ) செயல்பாடுகள் ஆகும்.

சமூக கட்டமைப்பில் வயது முதிர்ச்சி அடைந்தவை, இளமையான பறழ் (juvenile), குட்டிகள் (Infants) போன்ற பல்வேறு பால் வயது பிரிவுகள் கொண்ட குழு அல்லது குடும்ப அமைப்பு கொண்டவையாகும்.

சமூக குழுக்களுக்கென்று சில குறிப்பிட்ட தனிப்பட்ட பண்புகள் உள்ளன. இதனை வில்சன் மற்றும் பிரவுன் என்ற விஞ்ஞானிகள் வரையறுத்துள்ளனர். அவையாவன.

1. சிற்றின விலங்குகளின் எண்ணிக்கை, பால் வயது வேறுபாட்டுடன்.
2. குழுவிலுள்ள உறுப்பினர்கள் தங்கும் காலத்தினை பொறுத்து சமூக நடத்தை உருவாதல்.
3. சமூக நடத்தைக்காக செலவிடும் ஆற்றல்.
4. விலங்குகளுக்கு இடையில் தொடர்பு முறைகள் (ஒலி, பார்வை, தோடு உணர்வு)
5. பணிப்பகிர்வு முறை.
6. பலதலை முறைகள் ஒரே வாழிடத்தில் விலங்கு குழுக்கள் வசித்தல்.
7. "ஆல்ட்ரூயிசம்" எனப்படும் உதவி செய்யும் நடத்தை விலங்குகளின் சமூகக் குழுக்களில் காணப்படுகிறது.

ஈசன்பெர்க் என்ற நடத்தையியல் விஞ்ஞானி, சமூக கட்டமைப்பிற்கான பண்புகளாக தொடர்பு, கூடுதல், பணிப்பகிர்வு, குழு நிரந்தர தன்மை ஆகியவற்றை குறிப்பிடுகிறார்.

அனைத்து விலங்கு சமூகங்களும் ஒரு குறிப்பிட்ட சிக்கலான தொடர்பு முறையினை பின்பற்றக் கூடியவை. குழு உறுப்பினர்களின் மத்தியில் உருவாகும் சைகை, உடல் அசைவு, வண்ணமாற்றம், மூடு உயர்த்துதல், குறியீடுகள், குரல் ஒலி, தோடு உணர்வு, வௌவால்களின் எதிரொலி எழுப்புதல், தேனீக்களின் நாட்டிய மொழி போன்ற பல்வேறு உணர்வுகளை தெரிவிக்கின்றன. குழுவின் உறுப்பினர்கள் ஒரே வாழிடத்தில் குடியிருப்பது ஒரு தனிப்பண்பு ஆகும். சமூகக் கூட்டமைப்பில் உறுப்பினர்கள் அவ்வமைப்பை நிர்வகிக்க, பல்வேறு நிலை (அ) பால், வயது வேறுபாடுகளுடன் பணிப்பகிர்வு மேற்கொள்கின்றன.

முதிர்ந்த வயதான விலங்குகள் மேற்பார்வை செய்யும் குழுத்தலைவனாகவும் மேய்ச்சல், உணவு தேடும் பணி செய்கின்றன. பெண் விலங்குகள் குட்டிகள் பேணுவதிலும், பாதுகாப்பதிலும் தம் கடமையை செவ்வனே செய்கின்றன. தேனீ, கரையான்கள் பூச்சியினங்களில் வேலைக்காரர்கள், வீரர்கள், ராணித்தேனீ போன்ற பல்வேறு பணிகளை மேற்கொள்ளும் சமூக அமைப்பு காணப்படுகிறது. விலங்குக் குழுக்களில் பெண் விலங்குகள், நிரந்தரத் தன்மையினை மேற்கொண்டுள்ளது. ஆண் விலங்குகள் குழுவினை விட்டு வெளியில் போய் மீண்டும் சேருகின்றன. சமூகக் குழுக்கள் வெளியிலிருந்து, வேறு குழுவின் உறுப்பினர்களை அனுமதிப்பதில்லை.

அனைத்து சமூகக் குழுக்களும் தமது சந்ததி உருவாக்க, இனப்பெருக்க உறவினை சிறப்பாக மேற்கொள்கின்றன. துணை விலங்குகள் எண்ணிக்கை, இணை சேரும் கால அளவு ஆகியவற்றை பொருத்து, ஒரு இணை இனப்பெருக்கம், பலதுணை இனப்பெருக்கம், தற்செயல் கலவிக்குழு என மூன்று பிரிவுகளாக பிரிக்கப்பட்டது.

ஒரு ஆண் விலங்கும், ஒரு பெண் விலங்கும், இணைந்து மிக இயல்பான, எளிதான இவ்வினப்பெருக்க முறையினை பின்பற்றி இனப்பெருக்கம் செய்து, குட்டியினை ஈனுகின்றன. 90 சதவீதம் பறவைகள், 4 சதவீதம் பாலூட்டி விலங்குகள், மனித சமூக கட்டமைப்பு குழுக்கள் இம்முறையினை மேற்கொள்கின்றன. குட்டிகள் ஈன்றபின் மரவாத்து பறவையினத்தில் பெண் விலங்கு மட்டுமே குட்டிகளை பாதுகாக்கின்றன. பெலிகன், கனடா அன்னப்பறவை போன்ற சில பறவைகளில் ஆண், பெண் இருவரும் குட்டிகளுக்கு பாதுகாப்பு தருகின்றன. தங்க டாமரின் குரங்கினங்களில் ஆண் விலங்கு அதிக ஆர்வம் காட்டி குட்டிகளை பேணுகின்றன.

ஒரு பால் விலங்கு மற்றொரு பால் விலங்கின் பல்வேறு விலங்குகளிடம் இனப்பெருக்கம் செய்வது பல்கூட்டு இனப்பெருக்க முறை ஆகும். இதனை பாலி கைனி (அ) பாலியான்ரி எனவும் குறிப்பிடலாம். சில ஆண் விலங்குகள் இனப்பெருக்க காலத்தில் தனது எல்லையில் சென்று குறிப்பிட்ட இரண்டு அல்லது அதற்கு மேற்பட்ட விலங்குகளுடன் கலவி மேற்கொள்கின்றன. ஆட்சியடுக்கு முறையில் சமூகக் குழுவிலுள்ள ஆண் விலங்குகள் ஆளுமைதிறன் அடிப்படையில் உணவு தேடுதல், நீர் பருகுதல், உறங்குமிடம், இனப்பெருக்க செயல்பாடு, குழு பாதுகாத்தல், சண்டையிடுதல், விரட்டுதல், தலைமைத்தன்மை போன்ற செயல்பாடுகளில் தலைமை ஒற்றை ஆண் விலங்கு “ஒமேகா விலங்கு” தமக்கென்று ஒரு பெண் குழுவினை அமைத்து அவற்றுடன் இனப்பெருக்கம் செய்கின்றன. லங்கூர் குரங்குகள், சிங்கம், கடல் வாழ் சீல்கள் ஆகிய விலங்குகளில் இம்முறை பின்பற்றப்படுகிறது. ஆப்ரிக்க இம்பாலா

ஆண் மான்கள் பெண் குழுவின் எல்லைகளை கண்காணித்து அவற்றுடன் இனப்பெருக்கம் செய்கின்றன. நாய்கள், ஸ்டிக்கிள் பேக் மீன் போன்றவை தொடர் முறையில் ஒரு ஆண் விலங்கு பல பெண் விலங்குகளுடன் தொடர்ந்து இனப்பெருக்க செயலில் ஈடுபடுகின்றது.

அல்லிக்குருவி என்ற பறவையினத்தில் ஒவ்வொரு பெண் பறவைக்கும் பல ஆண் பறவைகள் இனப்பெருக்கத்திற்காக வசிப்பிட எல்லையில் கூடுகின்றன. பெண் பறவையும் பல ஆண் பறவைகளுடன் இணைகின்றன. பெண் கடற் பறவைகளும், வெவ்வேறு ஆண் பறவைகளுடன் தொடர்ந்து இனப்பெருக்கம் செய்வது விந்தையாகும். கரடி, சிம்பன்சி, கிரெளஸ் பறவைகள் போன்ற விலங்குகள் தம் இன விலங்குகளிடம் குறிப்பிட்ட பிணைப்பு ஏதுமில்லாமல் பல முறை உறவு கொள்கின்றன.

சமூக கட்டமைப்பு வாழ்க்கையினால், விலங்குகள் பல்வேறு நன்மைகள் அடைகின்றன. கூட்டமாக வாழும் விலங்குகள் எதிரி விலங்குகளைக் கண்டதும், சைகை மூலம் தம் குழுவிலுள்ள விலங்குகளுக்கு எச்சரிக்கை அளிக்கிறது. அனுமன் குரங்குகளில் இதனை “காவல்காரர் நடத்தை” என அழைக்கப்படுகிறது. இங்கு முதிர்ந்த ஆண் குரங்கு, மாற உச்சியில் அமர்ந்து தம் குழுவினை கண்காணித்து,அவ்வப்போது, எதிரி விலங்குகள் வருகை தந்தால் எச்சரிக்கை குரலெழுப்பும் ஆண் பபூன் குரங்குகளிலும் இந்நடத்தை காணப்படுகிறது, எதிரியினை கூட்டமாக தாக்கும் நடத்தை, பூச்சிகள், யானைகள் ஆகியவற்றிலும் அறியப்பட்டது. இத்தகைய தற்பாதுகாப்பு நடவடிக்கை சமூகக் கட்டமைப்பு விலங்குகளில் அதிகம் அறியப்பட்டுள்ளது.

சமூக வாழ்க்கையில், குரங்குகள், செந்நாய், ஓநாய் போன்றவை கூட்டமாக சென்று உணவு தேடுதல், குட்டிகளை பராமரித்தல் (அத்தை நடத்தை) போன்ற சமூக நடவடிக்கைகளிலும் இவை ஈடுபடுவதால் இனப்பெருக்கத்திறன் அதிகரிக்க வாய்ப்புள்ளது.

ஆசிய சிங்கம் இந்தியாவிற்கு மத்திய ஐரோப்பாவில் இடம் பெயர்ந்த விலங்காக இருப்பினும், சமூக வாழ்க்கையில் 20 க்கு மேற்பட்ட எண்ணிக்கையிலுள்ள குழுவினை அமைத்து வசிக்கின்றன. இவற்றில் 3 முதிர் ஆண், 15 க்கு மேற்பட்ட பெண் விலங்குகள், குட்டிகள் ஆகியன காணப்படுகிறது. ஆண் குட்டிகள் குழுவினை விட்டு வெளியேறுதல், அனைத்து ஆண் குழு உறுப்பினர்கள் பெண் குழுவின் ஆண் தலைமையுடன் சண்டையிடுதல், பின்னர் அக்குழுவினை வலுவுள்ள ஒரு ஆண் கைப்பற்றி பெண் விலங்குகளுடன், இனப்பெருக்க கலவி புரிதல் ஆகிய செயல்பாடுகளை மேற்கொள்கின்றன. ஆண்டு முழுவதும் இனப்பெருக்க காலம் கொண்ட விலங்குகள் 6 குட்டிகள் வரை ஈனுகின்றன. பிறந்ததிலிருந்து குட்டிகள் ஆறு மாதம் வரை தாய்ப்பால் குடிக்கும்.

சிங்கக்குட்டிகள் மூன்று மாதத்தில் தாயின் உணவில் பங்கு கேட்கின்றன. வேட்டைக்கு பெற்றோருடன் செல்லும் குட்டிகள் 20 மாதங்களிலேயே முதிர்ச்சி அடைகின்றன.

மான்களும் தமது சமூக கட்டமைப்பு குழுவில் ஐந்து முதல் ஏழு பெண்களையும், ஒரு ஆண் தலைமையில் அமைத்து வசிக்கின்றன.

குரங்குகளில் அய்-அய், தேவாங்குகள் போன்ற சிறிய விலங்குகள், தனித்து வாழக்கூடியன. லீமர் இந்திரி, மர்மோசேட், ஜிப்பன், முன்கணத்தான் போன்றவை வெப்ப மண்டல மலைகாட்டுப் பகுதியில் தென் அமெரிக்காவில் வசிக்கின்றன. “ஒற்றை இணை” விலங்குகளாக (ஆண், பெண்) குட்டிகளுடன் வசிக்கின்றன. “ஒரு ஆண் பல பெண்கள்” முறையில் அனுமன் குரங்கு, சிவப்பு ஹவுலர், சிவப்பு வால், நீலக்குரங்கு போன்றவை, ஒரு ஆண் பல பெண்கள் இணைந்த குழுவில் வசிக்கின்றன. 20 முதல் 100 வரை எண்ணிக்கை உடையன, “பல ஆண்கள், பல பெண்கள்” முறையில் ரீசஸ், பபூன், சிலந்திகுரங்கு, சகி குரங்கு, உகாரி, அணில் குரங்கு, உல்லி குரங்கு போன்றவை மூன்று முதல் எட்டு ஆண்கள், ஐந்து முதல் ஏழு பெண்கள் வரையும் குழுவில் அமைத்து வசிக்கின்றன. பிக்மிசிம்பன்ஸி, சிம்பன்சி போன்ற வாலில்லா குரங்கினங்கள் மற்ற குரங்கினங்கள் ஆண் குழு, பெண் குழு, தனியாக வாழ்தல் என அடிக்கடி தமக்குள் மாற்றத்தை ஏற்படுத்துகின்றன. இவை ஆப்ரிக்க நாடுகளில் அதிகம் காணப்படுகின்றன.

மனித இனத்தில் சமூக குழுக்கள், விலங்கினங்கள் போலவே பரிணாம வளர்ச்சியினால், பல்வேறு பகுதி, ஊர், நாடுகள், சார்ந்து ஒரு குறிப்பிட்ட கடவுள், மதக் கொள்கைகளை பின்பற்றியும், ஆங்காங்கே உலகம் முழுவதும் பன்னெடுங்காலமாக வாழ்ந்து வருகின்றனர். மனித சமூகத்தில் குடும்ப வாழ்க்கை முறை குறிப்பாக நமது நாட்டில் இத்தகைய நிலை அனைவராலும் ஆதி காலம் தொட்டு பின்பற்றப்பட்டு வந்துள்ளது. ஆனால் சமூகக் குழுக்கள் அவ்வப்போது பிளவுபட்டும், பிரிந்தும், மீண்டும் இணைவதும் புதிய தலைமை ஏற்பதும், அத்தலைமைக்கு ஒரு குறிப்பிட்ட காலம் ஆதரவு அளிப்பதும் தொடர்ந்து நம் மனித சமூகத்தில் இயல்பாக, இயற்கையாக நிகழ்ந்து கொண்டிருக்கின்றன.

15

காதல் வைபோகமே.....

அனைத்து உயிரினங்களுக்கும் இயற்கையின் விதி தம் பாரம்பரியம் உருவாக்குதல் என்பதுதானே..! உண்ணுதல், உயிருடன் பாதுகாப்புடன் வாசித்தல், உரிய முதிர்ச்சி அடைந்த பின், இணை சேர்தல், இணையுடன் இனப்பெருக்கம் செய்தல், பின் புதிய உயிர் உருவாக்குதல் அல்லவா!

எனினும் மிகச்சிறிய நுண்ணுயிரிகளிருந்து மிகப் பெரிய விலங்குகள் வரை "இனப்பெருக்க முன் நடத்தை" என்ற காதலுணர்வினை தம் இனப்பெருக்க துணை விலங்குகளிடம் வெளிப்படுகின்றன. தெரியுமா? இவ்வுணர்வினை "களவொழுக்கம்" எனவும் குறிப்பிடலாம். வண்ணமயமான தோற்றம், பாடல், ஆடல், சடங்குகள் மூலமாக காட்சித் தோற்றமாக வெளிப்பாட்டுதலும், சிலவகை ஒலி, வேதிப்பொருள் மூலமாகவும் இவை வெளிப்படும் சில விலங்குகள் தமது வேறுபட்ட நடத்தைகளை விளம்பரப்படுத்துவது கூட, இனப்பெருக்க முன் நடத்தையாக அறியப்பட்டுள்ளது.

கடலிலுள்ள கடல் அர்ச்சின், ஆயிஸ்டர் சிப்பிகள் தமது விந்து செல்கள் அனுப்புகையில் பிரோமோன் வேதிப்பொருள் உடன் இணைந்து பெண் இன உயிரினங்களை தூண்ட அனுப்புகின்றனவாம்! மரத்தவளைகளின் பெண் பால் உயிரினங்கள் தம் பின்பகுதி உட்பக்கம் வளைத்துக் கொண்டால், ஆண் உயிரினம் அதனை புரிந்து கலவி இனப்பெருக்கம் செய்ய தயாராகி விடுமாம்!

காட்சித் தோற்றமாக வெளிப்படுத்தும் காதலுணர்வு செயல்பாடுகள், சிறகுகளின் வண்ணத்தோற்றம், உணர்கொம்பு அசைத்தல், ஒளிக்கற்றை உமிழ்தல் ஆகியன சிறு உயிரினங்களில் சமிக்ஞைகளாக கருதப்படுகிறது.

ஓநாய் சிலந்தி பூச்சியில் தனது உணர் கொம்புதனை ஆண் அசைப்பது, பெண் விலங்கை அழைக்க உதவுவது குறியீடு தெரியுமா! ஆண் வண்ணத்துப்பூச்சிகள், சில பெண் பண்ணத்துப்பூச்சிகளை அவை இங்கும்மங்கும், மேலும் கீழும் வேறுபட்டு பறக்கும் நிலையினை கண்டு புரிந்து கொள்கின்றன. மூன்று முள் ஸ்டிக்கிள் பேக் என்ற மீன் வகையில் இத்தகைய காதல் உணர்வு வெளிப்படுத்துதல் மிகவும் வேறுபட்டும், வியக்கத்தக்க வகையில் அமைந்து உள்ளது. டிம்பர்ஜனின் என்ற நடத்தையியல் விஞ்ஞானி இதனை ஆய்வு செய்து வெளியிட்டார்.

பொதுவாக மீன்கள் “பல் இன பாலினப்பெருக்கம்” (Polygamous) செயல்பாடுடையவை. சாதாரணகாலத்தில் மூன்று முள் ஸ்டிக்கிள் பேக் மீன் குழுவில் அமைதியாக நீந்தி உணவு தேடி வாழக்கூடியவையாகும். இனப்பெருக்க காலத்தில் பாலுணர்வு ஹார்மோன்கள், வெப்பநிலை தூண்டுதலால் ஆண் மீன் தோற்றம் மிகுந்து வேறுபட்டு மாற்றமடைகிறது. அவற்றின் வயிற்றுப்புறம் ஒளிரும் இரத்த சிவப்பு நிறமாக மாறிவிடுகிறது. உடலின் பக்கவாட்டுப்பகுதி, நீலப்பச்சை நிறமாக ஒளி ஊடுருவும் விதமாக மாறுகிறது. கண்கள் பச்சை வண்ணமாக மாறுகின்றன. பெண் மீன் வெள்ளி நிறமாகவும், உப்பிய வயிற்றுப்பகுதியுடன் எவ்வித வண்ண மாறுதலின்றி உள்ளது.

வண்ண மாற்றத்திற்குப் பிறகு ஆண் மீன் குழுவினை விட்டு வெளியேறி, தமக்குள்ள எல்லைகளை நிர்ணயித்துக் கொள்ள நீரின் அடிப்பகுதியில் மணற்பாங்கான இடத்தினை நீர்தாவரங்களால் ஆன கூட்டினை அமைக்கிறது. இதில் பாசி, சில கோரைகள் ஒருகிணைந்துள்ளன. கூட்டைகட்டிய பின், ஆண் மீன்கள் செங்குத்தாக மிதந்துதன் பெண் இணையை கவர வயிறுப்புற சிவப்பு வண்ண தோற்றத்தை காண்பிக்கிறது.

முட்டைகள் நிறைந்த பெண் இணைமீனைக் கண்ட ஆண் மீன், குலுங்கி, குலுங்கி ஆடி பெண் இணையை கவருகிறது. குதிப்பதும், பெண் மீனை சுற்றி, சுற்றி வந்து ஆண் மீன் தான் கட்டிய கூட்டினை நோக்கி பெண் மீனை அழைத்து செல்வது மட்டுமில்லாமல், அக்கூட்டிற்குள் பெண் மீனை உட்புகச் செய்து முட்டைகளை இடத்தூண்டுகிறது. முட்டையிட்ட பெண்மீன் வெளியேறிய பின், ஆண் மீன் முட்டைகளை தன் விந்து செல்லால் கருவுறச் செய்கிறது. மீண்டும், மீண்டும் கூட்டினை சரி செய்து, பல்வேறு பெண் மீன்களை கூட்டிற்கு அழைத்து ஆண் மீன் இனப்பெருக்கம் செய்கின்றன.

இவ்வாறு புறக்கருவுறுத்தல் செய்கின்ற மீன்கள் மட்டுமல்ல, சிவப்புமுக ரீசஸ் குரங்குகள் தன் பின்புற நிறம், முகம் நிற மாற்றம் மேற்கொள்ளுவதும்,

ஆண் மாடப்புறா கழுத்தினை உப்பிக் காட்டி, வால் சிறகுகளை விரித்து நடனமாடி பெண் புறாவினை சுற்றி நடனமாடுவதும் காட்சிப்படுத்துவதும் காதலுணர்வின் வெவ்வேறு வகைகள் ஆகும்! பொதுவாக அனைத்துப் பறவைகளுமே இனப்பெருக்க முன் நடனம், பறத்தலில் வேறுபாடு ஆகியவற்றை ஏற்படுத்துகின்றன.

ஒலிகள் மூலமாக, குறிப்பாக, சிறகுளை அசைத்தல், முனகுதல், கனைத்தால், குரைத்தல் போன்ற நடத்தைகள் மூலமாக காதலுணர்வினை வெளிப்படுத்தும் இயல்பினை பல்வேறு உயிரினினங்கள் கொண்டுள்ளன. கோபி வகை மீன்கள் தமது சிறப்பு தசைகளை அசைத்து ஒலி எழுப்புகின்றன.

தவளைகளும், தேரைகளும் மழைக்காலத்தில் தொடர்ந்து, ஒலிகளை எழுப்புவது நம்மில் பெரும்பாலான மக்கள் அறிவார்களே! சில கணுக்காலிகள் குறிப்பாக முள்ளுள்ள நண்டு வகைகள் தம் வைப்பகுதிலுள்ள உணர்கொம்பு மூலமாக வெட்டுக்கிளி பூச்சிகள் முன் சிறகுகள், பின்கால்கள் மூலமும் ஒளி எழுப்பி இணையினைக் கவருகின்றன.

சிலவகை பூச்சிகள் மற்றும் ஆழ்கடல் மீன்களான லண்டர்ன் மீன் போன்றவை ஆணினத்தில் இணைகளை கவர ஒளி பயன்படுத்தப்படுகிறது. ஒளி உமிழும் உறுப்புகள், சிற்றினங்களை பொறுத்து அவற்றின் உடலுறுப்புகளில் அமைந்துள்ளன.

பிரோஃமோன்கள் என்ற வேதிப்பொருட்கள், நுகர்ச்சி தொடர்பு மூலமாக பாலின நடத்தையினை பல்வேறு பாலூட்டிகளில் உருவாக்குகிறது, எனினும் இத்தகைய பிரோஃமோன்கள், பூச்சிகளில் அந்துப்பூச்சிகளில் பாலின செயல்பாடுகளுக்கு மிகவும் உதவுகிறது. பெண் பட்டுப்பூச்சி உருவாக்கும் “பாம்பிகோல்” என்ற சுரப்பின் மணத்தினை ஏழு மைல்களுக்கு அப்பால் உள்ள, ஆண் பூச்சி தமது பெரிய உணர்வு கொம்புகளால் உணர்ந்து அறிகின்றன. ராணி கரையான் பூச்சி மற்றும் பெண் தேனீ பூச்சிகள் அவற்றால் வெளியிடப்படும் பிரோஃமோன்கள் மூலமாக டிரோன் ஆண் தேனீ பூச்சிகளை கவர்ந்திழுக்கின்றன. அனகோன்டா மற்றும் மலைப்பாம்புகளின் ஆண் விலங்குகள், பெண் விலங்குகளின் பின்புற சுரப்பிகளிருந்து வெளியேறும் திரவம் மூலமாக அறிந்து கொள்கின்றன. யானைகளின் தலைப்பகுதியில் உள்ள ஆர்பிடல் சுரைப்பியிலிருந்து சுரக்கும், பால் போன்ற திரவம் ஒரு கவர்ச்சியினை ஏற்படுத்தும். பெரும்பாலான முதுகெலும்புயிரிகளில் பெண் விலங்குகளின் இனப்பெருக்க தயார் நிலையினை ஆண் விலங்குகள் அறிவதற்கு பெண் விலங்கின் இனப்பெருக்க புழையில் “பிரோஃமோன்கள்” உருவாகும் சுரப்பு காரணமாகும். எனவே பெண் பாலுறுப்பினையும் ஆண் விலங்கு முகர்வது பாலூட்டி விலங்குகளில் நாம் அதிகமாக காண இயலும்.

தொடு உணர்வு மூலமாகவும் காதலுணர்வினை வெளிப்பதுவதில் பெரும் விலங்குகள், பறவைகள், சில வகை மீன்கள் அதிக பங்கு வகிக்கின்றன. உரசுதல், தள்ளுதல், சுருளுதல், வளைதல், நக்குதல் போன்றவை முக்கிய செயல்பாடுகள் ஆகும், யானைகள் தமது காதலுணர்வினை, தெரிவிக்க ஆண், பெண் விலங்கினை விரட்டிவிட்டு பின்னர், அதன் துதிக்கை மூலம் பெண் தலையினை தொட்டுணர்ந்து உரசுகிறது. பின்னர் பெண் யானை விருப்பம் தெரிவிக்கும் வரை, உடல் விளையாட்டு தொடர்கிறது. குரங்கினங்களில் நீவுதல், பறவைகளில் இறகு நீவுதல், நாய்களில் முத்தமிடுதல், புலி, சிங்கம் போன்றவை நக்குதல், கடித்தல் போன்றவையும், ஒட்டகசிவிங்கிகள் கழுத்துக்களால் உரசிக் கொள்வதும் மிக அதிகமாக பயன்பாட்டிலுள்ளன.

உயிரினங்கள் அனைத்துமே, ஒவ்வொரு முறையில் தம் இனப்பெருக்கத் துணையினை கவரவும், இனப்பெருக்க செயல்பாடான “கலவி” தொடரவும், இணைகள் ஒன்றையொன்று இணக்க மனப்பான்மை ஏற்பத்திக்கொள்ள, காதலுணர்வு அவசியம் தேவையாகும். இயற்கையான, உடற் செயல்பாடுகளான பசி, சுவாசம், இயக்கம், தொடர்பு, உனவீட்டம் ஆகியன போலவே இனப்பெருக்க முன் நடத்தையான காதலுணர்வு அனைத்து உயிரினங்களுக்கும் பொதுவான நடத்தையாகும்.

16

பார்த்து, பார்த்து வளர்த்தேனே!

எப்படியெல்லாம் வளர்த்தேன்! உங்களையெல்லாம் அந்த காலத்துல, "அம்மா, அப்பா", பெற்றோர் நிலையில் அடிக்கடி வாழ்ந்த நம் குழந்தைகளை பார்த்து புலம்புவதும் சற்று மிகையாக உணர்ச்சி வசப்படுத்தலும் மனித இனத்தில் நாம் பார்த்து கொண்டிருக்கும் குடும்ப நிகழ்வுகள்தான்! எனினும் பெற்றோர்கள் தம்மால் உற்பத்தி செய்யப்பட்ட இளம் உயிரினங்களை பாதுகாப்பதோ, வளர்த்தெடுப்பதோ இயல்பாக அனைத்து வகை உயிரினங்களிலும் இயற்கையாக, பரிமாணத்தில் உருவான நடத்தையாகும்.

ஆம். பெற்றோர், குட்டிகளுக்கு உணவு, இருப்பிடம், பாதுகாப்பு தந்து, அடுத்த தலைமுறை சமூகத்தில் வளரவும், வாழவும், தகுதியினை தரக்கூடிய ஒரு விலங்கு நடத்தையாகும். பெற்றோர் பாதுகாப்பு நடத்தை மிகச்சிறு உயிரினங்களான கணுக்காலிகள் தங்கள் (தேள், சிலந்தி, தேனீ, எறும்பு, குளவிகள், கரையான்) இளம் லார்வா உயிரினங்களுக்கு வாழிடம், உணவையும் தருவதில் முடிகிறது. நீர் நில வாழ்விகளான தவளை, தேரை போன்றவைகளில் சில தம் முதுகில் கருவுற்ற முட்டைகளை சுமப்பது, நுரை கூடு உருவாக்கி வேறுபடுகிறது. பாம்பு, முதலை போன்ற உயிரினங்களில் பெண்ணினம் தமது குட்டிகளுக்கு கூடு உருவாக்குதல் மட்டும் மேற்கொள்கிறது.

பறவைகளும், பாலூட்டிகளும் மட்டுமே சற்று வேறுபட்டு பெற்றோர் பாதுகாப்பினை தம் உயிரினங்களுக்கு அளிப்பது அதிகமாகும். குறிப்பாக ஆண் பறவைகள் கூடுக்கட்டுவதில், உணவு அளிப்பதிலும் முன்னணி வகிப்பது விந்தையே!

பிறக்கும் முன் பாதுகாப்பு!

பாதுகாப்பு என்றாலே பெரும்பாலும், தாய் மூலமாக அளிப்பதே விலங்குகளில் அதிகமாக நிகழ்கின்றன. முட்டையிட்டு குஞ்சு பொரிக்க கூடு, பொந்துகள், எல்லைகள் உருவாக்குதல், மற்றும் கருவுற்ற முட்டைகளை பாதுகாப்பதிலும் பெண்ணியம் பங்கு அதிகமேயாகும்.

பிறந்த பின் பாதுகாப்பு!

அனைத்து பாலூட்டிகளும், பால் தந்து, உணவாகி குட்டிகளை பாதுகாத்தல் மட்டுமின்றி தன் தாயின் மணம் கண்டு நுகரும் இளம் கன்றுகளை பாலூட்ட அழைக்கும் விந்தை விலங்குகளில், குறிப்பாக வெளி மான்களில் (Block Back) கண்டறியப்பட்டுள்ளது. பெற்ரோரினை விட்டு பிரிந்த பின்னரும் குரங்கினங்களிலும், ராயல் டெர்ன், பிரிகேட் பறவையினங்களிலும் குட்டிகள், குஞ்சுகள் வளர்ந்த பிறகும், உணவு, உயிர் பாதுகாப்பும் அளிக்கின்றன.

பெற்றோர் பாதுகாப்பு முறைகள் சிற்றினங்களில் வேறுபடுகிறது. சால்மன் மீனினங்கள் லட்சக்கணக்கான முட்டைகள் இடுவதால் அந்நடத்தை அங்கு இல்லை. ஆனால் ஓரிரு குட்டிகள் ஈனும் யானை, பல ஆண்டுகள் தமது குட்டிகளை பாதுகாக்கின்றன.

மிகச்சில உயிரினங்கள் மட்டுமே பெற்றோர் பாதுகாப்பில் அக்கறையில்லாமல் உள்ளன. சில தனித்து வாழும் பூச்சியினங்கள், சில நீர் நில வாழ்வியினங்களும், ஊர்வன வகைகள், குயில், குழிக்கூடு வாத்துக்கள் போன்றவை மட்டும் இவ்வகை நடத்தை மேற்கொள்வதில்லை.

ஒற்றை இனப்பெருக்க முறை கொண்ட விலங்கினங்களில் (ஜிப்பன், டாமரின்) பறவைகள் போன்றவற்றில் ஆண், பெண் விலங்குகள் இருவருமே தம் இளம் உயிரினங்களை பாதுகாத்தலில் அக்கறை கொண்டவையாகும். எனினும் பெண் விலங்குகள் மட்டுமே பெரும்பாலான உயிரினங்களில், பெற்றோர் பாதுகாப்பினை முழுமையாக மேற்கொண்டுள்ளன. குளவிகள், சாண வண்டுகள், சமூக பூச்சியினங்கள் (தேனீக்கள்) சில பறவைகள் போன்றவைகளில் பெண்ணினம் அதிக ஆற்றலை இந்நடத்தைக்காக செலவு செய்கின்றன.

மிகச்சில ஆண் விலங்கு இனங்கள், "வாட்டர்பக்" எனப்படும் மீனினம் கருவுற்ற முட்டைகளை சுமப்பதிலும், மூன்றுமுள் மீன்கள் போன்றவை கருவுற்ற பின்னர் கூடுகளை பாதுகாப்பதில் அக்கறை கொண்டவை. கடற்குதிரை மீன்களில் பெண்ணினம் ஆண் மீன் உடலிலுள்ள பையில் கருவுற்ற முட்டைகளை இடுகின்றன. அல்லிக்குருவி, நீர்க்கோழிகள், உள்ளங்கள் ஆஸ்ட்ரிச் போன்ற ஆண் பறவைகளும்தம் குஞ்சுகளை பாதுகாப்பதில் கவனமாக உள்ளன. பிரேசில் உள்ள தங்க சிங்கமுக டாமரின் குரங்கு, இனத்தில் பெண் விலங்குகளுக்கு குட்டிகளை ஈன்று, உணவீட்டுதல் மட்டுமே பணியாகும். ஆண் விலங்குகள் தம் குட்டிகளை சுமந்து பாதுகாப்பதில் முன்னணி வகிக்கின்றது.

ராணி பெங்குயின் பறவை ஒரே ஒரு முட்டையினை இனப்பெருக்கத்திற்கு பிறகு இடுகிறது. அதனை தன் இணை ஆண் பறவை காலில் அடிப்பகுதியில் உள்ள தோலின் மடிப்பில் வைக்கிறது. இம்முட்டையின் பொரிக்கும் காலம் 60 நாட்களுக்கு ஆண் பறவை அசையாமல் நின்று குஞ்சு பொறித்த பின்னர், அதனை தன் உடற்பகுதி தோல் உள்ளில் பாதுகாப்பான வெப்ப நிலையுடன் வைத்து பாதுகாக்கிறது. ஆச்சர்யப்படும் விதமாக, குறிப்பிட்ட இக்காலத்தில் பெண் பறவை, அதே ஆணை சரியாக இனம் கண்டறிந்து தன் குஞ்சுப்பறவையினை பெற்று உணவளிக்கிறது. ஆண் பறவை உணவில்லாமையில் தனது இழந்த உடல் எடையினை ஈடு செய்ய, அங்கிருந்து வெளியேறி இரண்டு வாரம் உணவினை தேடிச் செல்கின்றது. பின்னர் தம் குடும்பத்திற்கு திரும்பி குஞ்சு பறவைக்கு உணவினை தேடித்தருகிறது.

உறவினர்கள் மூலம் பெற்றோர் பாதுகாப்பு, விளங்கினங்களில் காணப்படுகிறது.தேனீ, கறையான் போன்றவற்றில் முட்டைகளை பாதுகாப்பதிலும், பறவைகளில் கூடுகளை உருவாக்குவதிலும், சகோதர உயிரினங்கள் உதவுகின்றன. யானைகள், ஓநாய்கள், குள்ள கீரி, குரங்குகள், சிங்கங்கள் ஆகிய பாலூட்டியினங்களில் உள்ள பெண் உறவு விலங்குகள், மகப்பேறு மற்றும் உணவூட்டல் செயல்பாடுகளில் குட்டிகளுக்கு உதவுகின்றன. குறிப்பாக யானைகள் நீர் அருந்துகையில் மற்ற பெண் யானைகளின் குட்டியினை பாதுகாப்பதில் அக்கறை காட்டுகின்றன.

வெண் கால்மான் எலி, பிரேய்ரி நாய்கள், வரிக்கீரி, புள்ளி கழுதை நாய் ஆகிய விலங்குகள் குகைகளில் ஒன்றிணைந்து வசித்தலும், குட்டிகளை பராமரிப்பதிலும் முக்கிய பங்கு வகிக்கின்றன.

விலங்குகளின் பெற்றோர் பாதுகாப்பில், பராமரிப்பும், பாசப்பிணைப்பும் உள்ளது. பாலூட்டிகள் தமது குட்டிகளை ஆறு வயது வரையிலும், குரங்கினங்கள் 4 ஆண்டுகளும் பராமரிக்கின்றன. நீர்யானைகள் மற்றும் திமிங்கலங்கள்

முறையே ஒன்றரை ஆண்டும், ஒரு ஆண்டும் குட்டிகளை பராமரிக்கின்றன. இதே நிலையில், குறிப்பிட்ட வயதில், தமது இளம் உயிரினங்கள் சமூகத்தில் சுதந்திரமாக, தனித்து வசித்து இயங்க வேண்டுமென்பதிலும், பெற்றோர் விலங்குகள் செயல்படுகிற நிலை ஆச்சர்யமானதே! ஆம்! பெற்றோர் விலங்குகள் தம் குட்டி விலங்குகளுடன் சண்டையிட்டு வெளியேற்ற முயலுகின்றன. காட்டுக்காகம், பறவை தான் புதிய இனம் உற்பத்தி செய்ய தடையாக இருக்கும் வளரும் இளம் உயிர்னங்களைக் கண்டு கோபத்துடன் கூட்டிலிருந்து வெளியேற்றுகிறது. வட்டக்கண் கிளி என்ற பறவை இதே காரணத்திற்காக தன் இளம் பறவைக் குஞ்சினை வேறு கிளியின் கூட்டில் விட்டுவிட்டு செல்கின்றன. பூச்சியினங்கள் தங்கள் லார்வாக்களுக்கு உணவை தம் உடலிலேயே சுமந்து செல்கின்றன. கூடுகளில் தனி அறைகளை லார்வாக்களுக்கு பூச்சிகள் பாதுகாப்பாக கட்டுகின்றன.

பல்வேறு மீன்கள் தங்கள் முட்டைகளை பாதுகாக்க, குமிழி நுரைக்கூடுகள்,மற்றும் தாவரப் பொருட்களையும் இணைத்து சில நீர் நில வாழ்விகள் (தவளையினம்) தமது முட்டைகளை பாதுகாப்பதில் புதிய முறையினை மேற்கொள்கின்றன. குறிப்பாக சிசிலியன், சலமாண்டர்கள் தமது உடலை சுழற்றி சுருள் போல வைத்து முட்டைகளை பாதுகாக்கின்றன. கடல் ஆமைகள் கடற்கரையில் குழிகள் பறித்து முட்டைகளை பாதுகாக்கின்றன. பறவைகள் வெவ்வேறு விதமாக கூடுகளை கட்டி, தம் முட்டைகளைப் பாதுகாக்கின்றன. பறவைகள் வெவ்வேறு விதமாக கூடுகளை கட்டி, தம் முட்டைகளை பாதுகாக்கின்றன. சேற்றுமண், தாவர நார்கள், இலைகள், செயற்கை பொருட்களான கம்பி குச்சிகள் போன்றவற்றை பயன்படுத்துகின்றன.

உணவூட்டல் என்பது பெற்றோர் பாதுகாப்பில் ஒரு பங்கு ஆகும். தாய்ப் பறவைகள் தம் குஞ்சுகளுக்கு உணவினை அலகில் எடுத்து வந்து கொடுப்பதும், (மீன்கொத்தி) சில விழுங்கி அதனை திரும்பவும் உமிழ்ந்து தருதலும் வழக்கமாக கொண்டுள்ளன. (கொக்குகள்) சில விழுங்கிய உணவிலுள்ள பால் பொருளை பிரித்து, (புறாக்கள்) குஞ்சுப்பறவைகளின் வாயில் விடுகின்றன. கழுகு வகை பறவைகள் தமது மாமிச உணவை துண்டு துண்டாக அலகினால் கிழித்து, சிறு துண்டுகளாக தம் குஞ்சு பறவைகளுக்கு ஊட்டுகின்றன.

பாலூட்டிகளில் பெற்றோர் இளம் உயிரி உறவு, வேதிப்பொருள், கேட்டல், பறவைத்திறன், ஆகியன ஆகும். பெரும்பாலும் பாலூட்டிகள் தமது குட்டிகளை நக்குவதன் மூலமாக, உமிழ்நீர் குறியீடு செய்கின்றன. அதன் மூலம் அவற்றை இனம் கண்டு கொள்கின்றன. மார் சூப்பியல் என்ற கங்காரு வகை விலங்குகள் தமது உடலில் 3 ஆண்டுகள் வரை குட்டிகளை வயிற்று பையில் பாதுகாக்கின்றன. பாலூட்டிகள் பாலூட்டும் சுரப்பிகள் மூலம் இளம் உயிரிகளுக்கு உணவு

வழங்குதல் மட்டுமல்ல, அவற்றை தம்முடன் தூக்கி செல்வதிலும் அக்கறை கொண்டவையாகும்.

குரங்கினங்கள் பெரும்பாலும் கூட்ட வாழ்க்கை வாழும், சமூக வாழ்வினமாக உள்ளதால் இளம் வயதில் அவற்றின் குட்டிகள் பெற்றோரிடமிருந்து பல்வேறு சமூக தகவமைப்புகளை கற்றுக்கொள்கின்றன.

எனவே மனித இனம் மட்டுமல்ல, அனைத்து உயிரினங்களையும் அறிவியல் பூர்வமாக ஆய்ந்து பார்த்தால்.

1. பெற்றோர் பாதுகாப்பு
2. குட்டிகள் பிரிந்து செல்லுதல்
3. வளர்ந்து சமூகத்தில் சுதந்திரமாய் உலவுதல்

என்ற மூன்று நிலைகள் இயற்கையானது என்பதனை நாம் உணர்தல் அவசியமாகும். மனித இனம்,தமது விருப்பத்திற்கு ஏற்றவாறு குழந்தைகள் வளர்ந்து இளைஞனாக மாறுகின்றனர். அவர்களது வாழ்க்கையினை தாமே அமைத்துக் கொள்ள பெற்றோர்களின் கூடுதல் கவனம், பராமரிப்பு கூட சில சமயம் தடைகளாக அமைக்கின்றன.ஆனால் விலங்குகளின் நிலையில் நம்மை ஒப்பிட்டாலும், அவற்றின் நடவடிக்கையினை பின்பற்றாமல் அறிவுத்திறன் கொண்டு மனித இனம் தம்மை மேம்படுத்திக் கொள்ள நன்று எனினும் இயற்கையான நடத்தை, விலங்குகள், பறவைகள் மட்டுமின்றி மனித இனத்திற்கும் பாரம்பரியமாக, பரிணாமமாய் வளர்ந்து வந்துள்ளது என்பதை நாம் உணரலாமே!

17

கற்றுக்கொடுத்தது யாருங்க.....

நாம் அன்றாட வழக்கமான செயல்பாடுகளை, நம்மை அறியாமல், தொடர்ந்து வழக்கமாக மேற்கொண்டு வருவது நாம் அனைவரும் அறிந்ததே! ஆனால் "கற்றல்" மூலம் அல்லது அனுபவங்களின் வழியாக அறிந்த உணர்ந்த செய்திகள், நிகழ்வுகள், எண்கள், பெயர்கள், மனிதர்கள் ஆகியவற்றை தொடர்ந்து நினைவில் வைத்திருக்கும் செயல்பாடு "கற்றல்" ஆகும். ஒரு மனிதன் (அ) விலங்கின் நடத்தை, அனுபவத்தின் மூலமாக அறிந்து அதனை தொடரும் நிலை (Learning) "கற்றல்" என்று அழைக்கப்படுகிறது.

கற்றலும், நினைவாற்றலும் ஒரு நாணயத்தின் இரு பக்கங்களாகக் கருதலாம்! நாம் எதையெல்லாம் கற்கிறோமோ, அவை அனைத்தும் மூளையில் பதியப்படுகிறது என்பது அறிவியல் ஆய்வாளர்கள் கண்டுபிடித்த உண்மை. சில நபர்களுக்கு (Photo Graphic Memory) "புகைப்பட நினைவு" இருப்பதாகவும் அறியப்பட்டுள்ளது. நான் கல்லூரியில் படிக்கையில் பேராசிரியர் ஒருவர் 80 மாணவர்கள் கொண்ட வகுப்பில், முதல் நாள் வருகை பதிவு எடுத்தப் பிறகு, தொடர்ந்த பல நாட்கள் வகுப்பிற்கு வராதோர் நபர்களின் எண்ணிக்கையினை, அவர் வகுப்பில் நுழைந்ததும், வருகைப்பதிவுக்காக மாணவர்களை அழைக்காமலே பதிவேட்டில் குறித்துக் கொள்வார். இந்த அதிசய நினைவாற்றல்

சிலருக்கு மட்டுமே உண்டு. லியனர்டோ டாவின்சி என்ற ஓவியர் ஒருமுறை சந்தித்தவரை ஓவியம் வரைந்ததும், மாவீரன் நெப்போலியன் தான் போருக்கு செல்லுகையில், போர் களத்தின் நிலைகுறியீடுகளான குன்றுகள், நீரோடைகள், நகரத்தின் முக்கிய பகுதிகளை இனம் கண்டு மனதளவில் நினைவில் வைத்து, போருக்கான ஆயுத்தம், திட்டமிடுதலை செய்ததாகவும் வரலாறு கூறுகிறது. ரோஸ்கோ பவுண்ட் என்ற அமெரிக்க நாட்டவர் பள்ளியில் படிக்கும் போதே பைபிள் முழுமையும் மனப்பாடம் செய்ததாகவும், தம் 14 வயதில் பல்கலைக்கழகம் சென்று 20 ஆம் வயதில் வழக்கறிஞர் பணி மேற்கொண்டதாக அறியப்பட்டுள்ளது. சட்ட வல்லுனர் ஆக இருந்து கொண்டு தாவரவியல் முனைவர் பட்டம் பெற்றார். 44 நூல்களை எழுதியும் 1000 ஆய்வுக் கட்டுரைகள் வெளியிட்ட அவர், 10 மொழிகளை முழுமையாக அறிந்திருந்ததாகவும் கூறப்படுகிறது.

கற்றல் (Learning) என்பது வெவ்வேறு விலங்கு சிற்றினங்களில்,சூழலுக்கேற்ப மாறுபடுகிறது, தோர்ப் (1963) என்ற அறிவியலறிஞர், கற்றல் முறைகளை வகைப்படுத்தினார்.

1. தளர்வாள கற்றல் (Flexible) என்பது பழக்கம், நிலைப்படுத்தப்பட்ட அனிச்சை செயல், முயன்று தவறிழைத்து கற்றல், நிலையான கற்றல், விலக்கி கற்றல் என்ற ஐந்து பிரிவுகளை கொண்டதாகும்.
2. வரையறுக்கப்பட்ட கற்றல் (Restricted) என்பது உள்நினைவுபதிவு மற்றும், காரணத்தோடு அறிதல், உள்ளணர்வு அறிதல் ஆகியவற்றை பிரவுகளாகக் கொண்டவையாகும்.

பழக்கமாதல் என்பது ஒரு குறிப்பிட்ட தூண்டலுக்கு துலங்கல் (மாற்றம்) ஏற்படுத்தி, பின்னர் தூண்டல் அதிகாரிகையில் துலங்களின் விளைவு மறைவதாகவும். இதனை சூழலுக்கு ஏற்றவாறு தகவமைத்துக் கொள்ளுதல் எனவும் கூறலாம். தேவையில்லாத, பிரச்சினையில்ல தூண்டல்களுக்கு துலங்காமலோ மாற்றம் ஏற்படுத்திக் கொள்ளாமல், தம் ஆற்றலை சேமித்துக் கொள்ளுதல் என்றும் அழைக்கலாம். எடுத்துக்காட்டாக, ஒரு சிலந்தி வலையினுள் அமர்ந்திருக்கும் நிலையில், ஆய்வாளர் வலையில் பூச்சி விழுந்ததைப்போல், சிறு அதிர்வை ஏற்படுத்த, மையப்பகுதியிலுள்ள சிலந்தி உடன் அப்பகுதி நோக்கி வர, அங்கு ஒன்றுமில்லாததைக்கண்டு, மீண்டும் வலையின் நடுப்பகுதிக்கு செல்கிறது. மீண்டும், மீண்டும் சாதாரண, நடுத்தர அதிர்வுகளை வலையில், அவ்வப்போது ஏற்படுத்தினாலும் சிலந்தி, “பழக்கப்பட்ட” தூண்டுதலுக்கு துலங்கல் ஏற்படுத்தாமல் உள்ளது. இதனை பழக்கற்றல் (Harbituation) எனலாம்.

நிலைப்படுத்தப்பட்ட அனிச்சை செயல் (Classical Conditioning Or Conditioned Reflex) என்பதை ரஷ்ய உடற்செயலியல் ஆய்வாளர் பாவ்லோவ் கண்டுபிடித்தார்.

ஆயுவிற்காக நாய் ஒன்றிற்கு உணவு தந்து, அதன் உமிழ்நீர், கருவி மூலமாக முதலில் சேகரித்தார். பின்னர் அதனை அளந்தபின், பாவ்லோவ் அடுத்தமுறை நாய்க்கு உணவு தரும் முன், மணி ஒன்றினை அடித்து ஒலி எழுப்பினார். பின்னர் உணவு ஒவ்வொரு முறை தரும்முன் மணி ஒலி எழுப்ப இறுதியில் உணவினை தாராமலேயே மணி ஒளியினை மட்டும் எழுப்பினார். மீண்டும் உமிழ் நீர் சுரக்க ஆரம்பித்தது. நிலைப்படுத்தப்பட்ட தூண்டல் பல முறை அளித்த பின் மணி ஒலி நிலைப்படுத்தப் படாத தூண்டல் மூலமாக, நிலைப்படுத்தப் படாத உமிழ்நீர் சுரக்கப்பட்டது. இப்படிப்பட்ட கற்றலை மையமாகக் கொண்டு, குறிப்பிட்ட செயல்பாடுகள் மனித வாழ்விலும் நடைபெறுகிறது.

முயற்சித்தல் - தவறிழத்தல் என்ற கற்றல்முறை (Trial & Error) அல்லது கருவி மூலம் கற்றல் பல்வேறு விலங்கினங்கள் மூலமாக சோதனை செய்யப்பட்டு கண்டுபிடிக்கப்பட்டது. இக்கற்றல் முறையில் அடிப்படை உள்ளுணர்வு மற்றும் நோக்கம் ஆகியன பங்கு வகிக்கின்றன. விலங்குகள் தாகம், பசி, பாலுணர்வு (அ) பயம் ஆகிய நடத்தைகளில் பதட்டமாகவும், தேடுதல் நோக்கத்தையும் கொண்டிருக்கும். முகர்தல், விரைவாக அக்கம் பக்கம் சுற்றி காணுதல் போன்றவற்றில் இந்நடத்தையின் எளிதாக அறியலாம். இத்தகைய நடத்தைக்கு தார்ன்டைக் என்ற அறிஞர் பிரச்சனை பேட்டி (அ) புதிர் பெட்டியினை உருவாக்கினார். பூனை ஒன்று கூண்டு பெட்டியினுள் அடைத்து வைக்கப்பட்டபொழுது, கூண்டிலிருந்து அது வெளியேற எத்தினிக்கிறது. இங்குமங்கும் அலைகிறது. தலை பாதங்களால் பல இடங்களை தடவி பார்த்தாலும், உட்பக்கம் உள்ள தாழ்பாளை கவனிப்பதில்லை. இறுதியில், இயல்பாக அவ்விலங்கின் கால் அதன்மேல் பதிய, தானே கூண்டுக்கதவு திறந்து கொள்கிறது. மீண்டும் இம்முறை அப்பூனை கூண்டில் அடைக்கப்பட்டாலும், தாழ்பாளில் கவனத்துடன் காலை வைத்து கதவினை திறக்கும் முறையினை முயற்சி தவறிழைத்தல் மூலம் கற்றுக்கொள்கிறது. இத்தகைய நடத்தையினை, மண்புழு, எறும்பு ஆகிய சிறு உயிரினங்களிலும் ஆய்வாளர்கள் கண்டறிந்துள்ளனர்.

ஒரு பழைய திரைப்படத்தில், பிரபல நடிகர் வெளிநாட்டில் தன்னை கடத்திய இடத்திலிருந்து மீண்டு வருகையில் தனது கண் மூடி மறைக்கப்பட்டிருந்தாலும், தாம் கடத்தப்பட்டிருந்த வாகனத்தில் செல்லுகையில் குறிப்பிட்ட பாதையில் ஏற்படும் தொழிற்சாலை ஒலிகள், இயற்கையான குறியீடுகளை செவிமூலம் உணர்ந்து கண்டறிவதை நாம் கண்டிருக்கலாம்! நாமே பயணம் மேற்கொள்ளுகையில் நுகர் உணர்வின் மூலமாக, சில தொழிற்சாலையிலிருந்து, வெளியேறும் நெடி, நறுமணம், ஒலிகள் மூலம் கடக்கும் அவ்விடத்தினை உணர்ந்து கொள்ளலாம். இத்தகைய அரிய உணர்வுகள் நடத்தையாக குளவிகளில் கண்டுபிடிக்கப்பட்டது. நிலைக்குறியீடுகளின்

அடிப்படையில் கூட்டிற்கு தானே வளைந்து பறந்து, சுழன்று வருகின்றன. அவ்வாறு கூடுகட்டும் முன் அங்குள்ள நிலைக்குறியீடுகளை அறிந்து கற்றுக் கொள்கின்றன. இக்குறியீடுகள் அப்பகுதியிலிருந்து விலக்கப்பட்டால், குளவிகள் மீண்டும் கூட்டினை அடைவது கடினமாகிறது. இந்த நடத்தை "பல்வேறுபட்ட வினோதமான தூண்டல்கள் ஒருங்கிணைந்து" உருவானது ஆகும். இதனை உள்ளுறைந்த கற்றல் நடத்தை (Latent Learning) எனக் கூறலாம்.

விலகுதல் கற்றல் நடத்தை என்பது (Dirscrimination) என்பது மற்ற கற்றல் நடத்தைகளை விட சற்று முன்னேறிய நிலை எனக் கூறலாம். குறிப்பாக பாவ்லோவின் நிலைப்படுத்தப்பட்ட அனிச்சை செயல், முயன்று தவறிழைத்தல் முறைகளை விட மேம்பட்டது எனலாம். எடுத்துக்காட்டாக, நாய்களிடம் வெவ்வேறு ஓசைகளை கேட்பதற்காக பழக்கப்படுத்தி, ஒரு குறிப்பிட்ட ஒலியினை கேட்கும் பொழுது உணவு வழங்கும் ஆய்வு செய்யப்பட்டது. இதில் மற்ற ஓசைகளை விலக்கி, தனக்கு உணவு கிடைக்கும் ஒலியினை தேர்வு செய்தது. மேலும் மற்ற ஓசைகளை தவறி தேர்வு செய்தால், தண்டனை வழங்கப்பட்டது. எனவே சரியான ஒலி தேர்வு செய்வதில் கவனமாக நாய் இருந்தது. இதேபோல் ஸ்கின்னர் விஞ்ஞானி பெட்டியினுள் புறா பறவை ஒன்றினை வைத்து உணவினை அளிக்க ஒரு சாவியினை வைத்தார். அப்பெட்டியினுள் உள்ள மின்சார விளக்கு எரிகையில், புறா சாவியினை கொத்தியது. உணவும் கிடைத்தது. விளக்கு அணைக்கப்படுகையில், புறாவும் சாவியினை கொடுத்தலை நிறுத்திய "விலகுதல்" நடத்தை ஒலித்தூண்டலை அடிப்படையாக கொண்டிருந்தது.

இதேபோல் குரங்கினங்களிலும், ஆராய்ச்சிகள் நடத்தப்பட்டு தளர்வான கற்றல் முறையில் விலகுதல் நடத்தை, தண்டனை வழங்கும் போது அதிகமாவதாக அறியப்பட்டது.

வரையறுக்கப்பட்ட கற்றல்முறை (Restricted Learning) முறையில், நினைவில் பதித்தல் (Imprinting) காரணமறிதலும் உள்ளுணர்வும் (Resoring & Insight) "நினைவில் பதித்தல் முறை" என்பது சிறுவயது முதல் கற்றல் முறையாகும். கொன்ராட் லாரன்ஸ் (1935) என்ற அறிஞர் முதலில் கண்டுபிடித்தார். இயர்கையாளரான லாரன்ஸ் தன் பண்ணையில் ஏராளமான கால்நடை விலங்குகள் பறவைகளுடன் வாழ்ந்தார். நினைவில் பதித்தல் (Imprint) கற்றல் கோட்பாட்டை கண்டுபிடித்தமைக்காக 1973 ஆம் ஆண்டில் நோபல் பரிசு பெற்றார். அவர் பழுப்பு சாம்பல் நிற வாத்துகள், ஜாக்டா காகப்பறவைகளில் அவர் ஆய்வுகளை மேற்கொண்டார். வாத்துகளின் முட்டைகள் தனியாகக் கிடந்ததை எடுத்து செயற்கை அடைகாத்தல் (Incubation) முறையில் குஞ்சு பொறித்தார். பொறிக்கப்பட்ட குஞ்சுகள் அவரையே பின்தொடர்ந்தது. மீண்டும்

ஒரு தொகுதி முட்டைகளில் சம எண்ணிக்கையினை தம் வாத்து பறவையிடம் வைத்து அடைகாத்தல் செய்தார். மீதியினை இன்குபேட்டர் (அடைகாத்தல் கருவிமூலம்) பொறித்தார். பொறித்த இரு குழுவினை (தாய் மற்றும் கருவி) ஒன்றாக பத்து நாள் தங்க செய்தார். பின்னர் அவற்றை வெளியேற்றியதில் தாயிடம் அடைகாத்த பறவை குஞ்சுகள் மீண்டும் தாயிடமும், இன்குபேட்டரில் பொரித்த பறவைக்குஞ்சுகள், லாரன்ஸ் நோக்கி வந்தன. இதன் மூலமே, அவர் உயிரினங்களின் ஆரம்பகால சமூக அனுபவமே, கற்றலாகி நினைவில் பதியக் கூடியது எனக் கூறினார்.

இதே நினைவில் பதிவு முறை, வெட்டு வளர்ப்பு செல்ல பிராணிகளிடம், விலங்கு காட்சி சாலைகளிலும், இனப்பெருக்கம் செய்யும் நிலையில் மனிதனால் குட்டிகள் வளர்க்கப்பட்டால் அந்த பிணைப்பு தொடரும். மனித வாழ்க்கையிலும் குழந்தை பிறந்து 18 மாதங்கள் முதல் 3 ஆண்டுகள் வரை முக்கிய காலமாகும். இக்காலத்தில் பெற்றோரை விட்டு குழந்தை பிரிதல், அன்பு பாசம் கிடைக்காத நிலையில், மனதளவில் அக்குழந்தைகள் பாதிக்கப்படுகின்றன.

காரணமறிதலும் உள்ளுணர்வு கற்றல் முறை என்பது பாலூட்டியினங்களில், குரங்கினங்களில் காணப்படக்கூடிய சிறப்பான நடத்தை ஆகும். சிறிய உயிரினங்கள் உள்ளுணர்வினை நம்பியும், மேம்பட்ட விலங்குகள் கற்றல் நடத்தையினை ஒட்டி வாழ்க்கை அமைவதாக தெரிகிறது. மனித இனம் மிக அறிவுத்திறன் மிக்கதாக கருதப்படுகிறது. குழப்பமான பிரச்சனைகளுக்கு தீர்வு காண்பதும், சூழலுக்கேற்ற முறையில் கடந்த கால அனுபவங்கள் அடிப்படையில், முயற்சி செய்து தவறிழைத்தல் நடத்தை மூலமாகவும் புதிய விடை கண்டுபிடித்து அதன் மூலம் நோக்கத்தினை அடைவது காரணமறிதல் ஆகும். உள்ளுணர்வு சூழலை அறியக்கூடிய திறன் பெற்று சிந்தித்தல், திட்டமிடுதல், கருத்து உருவாக்குதல், தீர்வினை அடைதல் ஆகும். இத்தகைய அறிவுத்திறன் கொண்ட பாலூட்டி உயிரினங்கள் அனிச்சை செயல், உள்ளுணர்வு கற்றல், உள்ளுணர்வு அறிதல், காரணம் அறிதல் ஆகிய நடத்தைகளை பரிணாம பண்புகளாக கொண்டுள்ளது.

இத்தகைய அறிவுத்திறன் வளர்ச்சி சிறிய உயிரினங்களில் மீன்கள் துவங்கி மிகப்பெரிய மேம்பட்ட உயிரினங்களான, குரங்குகள், மனிதக்குரங்குகள், மனித இனம் ஆகியவற்றில் மூளையின் புறணிப்பகுதி அளவினையொட்டி அமைகிறது.

விலங்கினங்களில் மிக முக்கிய நடத்தையான, கற்றல் (Learning) என்பதற்கு தானே கற்றாலும், அனுபவங்களின் அடிப்படையில் கற்றாலும் அவற்றின் வாழ்க்கை செயல்பாடுகளுக்கு இந்த குறிப்பிட்ட நடத்தை அதிக பங்கினை வகிக்கிறது என்பது உண்மையாகும்.

18

பரம்பரை, பரம்பரையா........

நமது கிராமங்களில் சமீப காலத்திலும், "பரம்பரையாக" சில வழக்கங்கள், முறைகள், ஊரில் வாழும் முன்னோர்களின் ஆலோசனை கேட்டலும், அவர்களின் குடும்பங்களின் பங்கேற்பு, பொது, சமுதாய நிகழ்ச்சிகளில் இருப்பதும் நாம் கண்டு வந்துள்ளோம்! நமது குடும்பங்களிலும் சில குழந்தைகளின் நடத்தைகளைக் கூட, இவன் அவங்க தாத்தா போலவே நடக்கிறான்!, பேசுகிறான்! எனக் கூறி மகிழ்கின்றோம்! ஆம்! நடத்தைகள் பாரம்பரியமானவையா? அல்லது திடீரென்று தோன்றுபவையா? வினாவிற்கு விடை தேடுவோமே!

எல்லா உயிரினங்களிலும், புறத்தோற்றம், உடற் செயலியில், உள்ளுறுப்புகள், மற்றும் நடத்தை போன்றவற்றினை முடிவு செய்வது பரம்பரை தோற்றம், சூழல் காரணிகளும் ஒருங்கிணைந்த செயல்பாடு என அறிவியல் கூறுகிறது. எல்லா நடத்தை முறைகளும் பரம்பரியமாகவும், கற்றுக் கொள்ளுதல் முறையிலும் உயிரினங்களில் ஏற்படுகிறன்றன. எளிமையான உயிரினங்கள் மரபு ரிதியாக பல நடத்தைகளை கொண்டிருந்தாலும், சிக்கலான உடல் அமைப்பு கொண்ட, மேம்பட்ட விலங்குகளின் நடத்தைகளில் பெரும்பாலானவை, சுற்றுசூழலிருந்து கற்றுக் கொண்டவைதான் தெரியுமா!

ஒரே குடும்பத்தை சேர்ந்த உறவினர்கள் பலர் சமமான அறிவுத்திறன் மிக்கவர்களாக இருப்பதை நாம் காண்பதற்கு வாய்ப்புகள் உண்டு. அதனால் இத்தகைய அறிவுத்திறன் பெற்றோர்கள் மூலம் அடுத்த தலைமுறைக்கு செல்கின்றன எனக் கூறலாம். இத்துறையில் சிறப்புமிக்க ஆராய்ச்சியாளர்களாக விளங்கியவர்கள், சார்லஸ் டார்வின் உறவினரான பிரான்சிஸ் கால்டன் ஆகியோர் ஆவர். இவர் தன் ஆய்விற்காக 300 குடும்பங்களை,சோதனை செய்தார். அவர் தம் ஆய்வு முடிவுகளின் அடிப்படையில் "நீதிபதிகள், கவிஞர்கள், இசை வல்லுநர்கள், ஓவியர்கள் ஆகியோர் நெருங்கிய உறவினர்களாக இருக்கின்றனர். எனினும், உறவின் நிலை நெருக்கத்தின் அடிப்படையில் உயர்தரம் வெவ்வேறு நபர்களிடம் குறைகிறது" என தெரிவித்தார். ஆனால் கால்டன் சுற்றுச்சூழல் மட்டுமே அறிவுத்திறன் மேம்பட காரணம் அல்ல எனவும், மேற்கண்ட உறவினர்கள் வெவ்வேறு வகை சூழலில் பிறந்து வளர்ந்தவர்கள் எனவும் வாதிட்டார். இத்தகைய நடத்தைகள் பாரம்பரியமாக தொடர்கின்றன என்ற அறிவியல் ஆய்வுகள் 1960 ஆம் ஆண்டு முதல் சிறப்பாக துவங்கியது.

மரபணுக்கள் என்ற ஜீன்களிலிருந்து, நடத்தையாக மாற பல்வேறு உயிர்வேதியியல் வழிகள் மற்றும் உடற்செயல்பாடுகள் தொடர்கின்றன. 1974 ஆம் ஆண்டு குல்ட் என்ற அறிஞர் "மூலக்கூறு நடத்தையியல்" (Molecular Ethology) என்ற நூலினை வெளியிட்டார். ஜீன்கள் என்ற மரபணுக்கள் ஹார்மோன்கள் வழியாக, புலனுறுப்புகளின் உணர்வுகளை மத்திய நரம்பு மண்டலம் மூலம் மாற்றியும், புறத்தோற்றம், உடற்செயலியல் செயல்பாடுகள் ஆகியவற்றில் மாற்றம் கொணர்ந்து, நடத்தைகளை உருவாக்குகின்றன என அறியப்பட்டது.

ஜீன்கள் அல்லது மரபணுக்களின் செயல்பாட்டினை கீழ்கண்ட வரைபடம் மூலம் நாம் விளக்க இயலும்.

பாரம்பரிய தோற்றம் → நொதிகளின் உருவாக்கம் மற்றும் செயல் நடைபெறுவதை ஒழுங்கு செய்தல் → தொடர்ச்சியாக. உயிரி வேதியியல் விளைவுகள் மாற்றம் நடைபெறுதல்ந → நரம்புகள், தசை மற்றும் நாளமில்லா சுரப்பிகளின் செயல்பாடுகள் கட்டுப்படுத்துதல்ந → நடத்தை உருவாக்குதல், செயல்படுத்துதல்.

பாரம்பரியமாகவே நடத்தை உருவாகிறது என்ற கோட்பாடு உருவாக்கப்பட்டு உறுதிப்படுத்தப்பட வேண்டுமெனில், சில வினாக்களும் நாம் விடைகளைத் தேடவேண்டிய நிலைக்கு உள்ளாக்கிறோம் என தீஷ் (1972) மற்றும் டியூஸ்பரி (1978) என்ற விஞ்ஞானிகள் கூறினர். நடத்தைக்கு ஜீன்கள் காரணமெனில், எத்தனை ஜீன்கள் காரணம், சுழலும், ஜீன்களும் எவ்வாறு ஒன்றிணைந்து நடத்தைகளை உருவாக்குகிறது? வெவ்வேறு சிற்றினங்களில் நடத்தைகள் மாறுபடுகிறதெனில், பாரம்பரிய தோற்றம் அவற்றிற்க்கான காரணமாக உள்ளதா?

நடத்தைகள் உருவாக பாரம்பரிய ஜீன் செயல்பாடுகள், மற்றும் சுற்றுசூழல் காரணிகள் ஆகிய இரண்டும் எவ்வளவு சதவீதம் பங்களிப்பு செய்கின்றன? நடத்தை ஒரு விலங்கு வாழ்வதற்கு உதவுவது போல பரிணாம வளர்ச்சியில் தகவமைப்பு பெற்றுள்ளதா? என்ற பல்வேறு வினாக்களுக்கு அறிவியல் ஆய்வுகள் தொடர்ந்தன.

பாரம்பரியமாக ஒரே மாதிரியான விலங்கினக் குழுக்களில் ஆய்வு, எளிமையான இனக்கலப்பு சோதனைகள், புவியியல் ரீதியாக மாறுபட்ட, தனிப்பட்ட விலங்கின் குழுக்கள் ஆகியவற்றில் ஆய்வுகள் மேற்கொள்ளப்பட்டு, நடத்தைகளும், பாரம்பரியமும் தொடர்புடையதுதானா? என்ற புதிருக்கு, புதிய கண்டுபிடிப்புகள் தீர்வாக விளங்கின என்றால் மிகையில்லை.

உள் இனப்பெருக்கம் மூலமாக, சோதனைச் சாலை மரபு சார்ந்த விலங்கினக் குழுக்களில் ஆய்வு செய்யப்பட்டது. டிரையான் என்ற அறிஞர் எலிகளில் ஆய்வு செய்தபடி, சில முடிவுகளை கண்டுபிடித்து வெளியிட்டார். மூன்று வெவ்வேறு, மிகைத்திறனுடைய, சற்று திறன் குறைந்த, நடுத்தர திறனுடைய எலிக்குழுக்களை சிக்கலறைக்குள் (Maze) ஓடவிட்டு அவர் சோதனை செய்தார். திறன் மிகுந்த எலிகள் சிக்கலறையின் பகுதிகளை உடன் புரிந்து கொண்டன. மங்கிய திறன் குறைந்த எலிகள், இதில் பல தவறுகளை செய்து, மிக தாமதமாக சிக்கலறைக்குள் சென்று வர கற்றுக்கொண்டன. நடுத்தரமானவை மேற்குறிய இரண்டு குழுக்களின் திறன் கலந்த நிலையில் இருந்தது. டிரையான் மிகத்திறன் ஆண் எலிகளுடன் திறன் வாய்ந்த பெண் எலிகளை, திறன் குறைந்த ஆண் எலிகளை, திறன் குறைந்த பெண் எலிகளுடன் இனப்பெருக்கம் செய்து 7 சந்ததிகளை உருவாக்கினார். மேலும் இவற்றிலிருந்து மிக அதிக திறன் கொண்ட ஒரு ஆண் எலியினை, மிக குறைவான திறன் கொண்ட பெண் எலியுடன் இனப்பெருக்கம் செய்து, ஓரளவுக்கு திறன் மிகுந்த, மற்றும் மிக திறன் குறைந்த எலிகளை உற்பத்தி செய்தார். இறுதியில் பாரம்பரிய தோற்றம் மூலம் நடத்தை உருவாகிறது என்பது அறியப்பட்டது.

எளிமையான இனக்கலப்பு சோதனை நடத்தி கலப்புயிரி உருவாக்கி ஆய்வு செய்தல் முறையில் வாத்துக்கள், பெருவத்துக்கள், புறாக்கள், கிளிகள், பல்வேறு வகை மீன்கள், பூச்சிகளில் "பாரம்பரிய நடத்தை உருவாதல்" பற்றி அறியப்பட்டது. கலப்பின உயிரினங்களில், இரு பெற்றோரின் பண்புகளும் ஒருங்கிணைந்து காணப்பட்டது.

மெழுகு அலகு பறவைகளின் கலப்பின உயிரிகள் நீர் அருந்தும் நடத்தையில் தமது பெற்றோரின் பண்புகளை ஓரளவு ஒட்டியே செயல்படுகின்றன. வீட்டு வளர்ப்பு சேவலுடன், வலை கழுத்து பெசன்ட் என்ற பறவையினை இனக்கலப்பு செய்கையில் உருவாகும் புதிய கலப்பினப் பறவை கூவும்போது,

தம் பெற்றோர்களின் பண்புகளில் நடுத்தரமாகவே தன் நடத்தையினை வெளிப்படுத்துகின்றன.

புவியியல் ரீதியாக தனிப்பட்ட ஒரே சிற்றின விலங்கினக் குழுக்கள், புறத்தோற்றம், நடத்தை மற்றும் சுழலுக்கேற்ற தகவமைப்பு ஆகியவற்றில் பல வேறுபாடுகளுடன் காணப்படுகின்றன. ஆர்னால்டு (1981) என்ற கார்டா பாம்புகளின் இரு வெவ்வேறு இனக்குழுக்கள் பற்றி ஆய்வு செய்தார். முற்றிலும் நன்னீர் பகுதி உயிரினங்கள் உள்நாட்டு பகுதிகளில் உள்ளவை தவளைகள்,மீன், அட்டைகளை உணவாகக் கொள்கின்றன. கடற்பகுதியில் வாழும் அதே பாம்புகள் நத்தை போன்ற மெல்லுடலிகளை உண்ணுகின்றன. கடற்கரை பகுதி, நன்னீர் பகுதி என்ற இரு வெவ்வேறு வாழிடங்களில் வாழக்கூடிய பாம்புகளை இனக்கலப்பு செய்தவை, பெரும்பாலும் மெல்லுடலிகளையே உண்ணுவதாக ஆர்னால்ட் கண்டறிந்தார்.

பாரம்பரிய நடத்தை முறையில் ஒரே ஜீன் எப்பொழுதும் இரண்டு அல்லது அதற்கு மேலும் சில புறத்தோற்ற பண்புகளை வெளிப்படுத்துவதாக அறியப்பட்டுள்ளது. எடுத்துக்காட்டாக, டெஸ்டோஸ்டிரோன் என்ற ஹார்மோன் ஆண் விலங்குகளில் இரண்டாம் நிலை பால் பண்புகளான ரோம வளர்ச்சி, குரல் மாற்றம் போன்றவை ஏற்படுத்தினாலும், முரட்டுத்தனம், முதிர்ச்சி தன்மை போன்ற நடத்தைகளை உருவாக்குதலிலும் பங்கு பெறுவதாக தெரிகிறது.

ஒரே பண்பினை வெளிபடுத்த இரண்டு அல்லது அதற்கு மேற்பட்ட ஜீன்கள், மரபணுக்கள் பங்கு வகிக்கிறது. எடுத்துக்காட்டாக,வளர்ச்சி வீதம், உடல் அமைப்பு போன்றவற்றிலும், இந்நிலை ஏற்படுகிறது. மேலும், அறிவுத்திறன், ஆளுமைப் பண்புகள், உயரம் ஆகிய சிக்கலான பண்புகள் எல்லாமே பல்வேறு ஜீன்கள் மூலம் வெளிப்படுதக்கூடியது.

பல்வேறு உயிரினங்களின் புறத்தோற்றத்தினை சுற்றுசூழல் காரணியும் தீர்மானிக்கிறது. எடுத்துக்காட்டாக,உணவு கிடைக்கும் நிலை உடல் அடியினை உருவாக்குகிறது. பெற்றோர் பாதுகாப்பு இல்லாத முட்டைகளின் வளர்ச்சி சூழல் காரணிகளான வெப்பம், நீர்நிலை, உப்புத்தன்மை ஆகியவைதான் தீர்மானிக்கின்றன. கூடுகளில் முட்டைகளை இட்டு பரமறிகையில் பெற்றோர் மற்றும் சகோதரர் பணியே சூழலே வளர்ச்சிக்கு காரணியாகிறது. உட்கருவுறுதல் செய்யும் விலங்குகளுக்கு கர்ப்பகாலம், தாயின் உடற்செயலியலே ஆகியவையே பிறக்கும் குட்டியின் முக்கிய சூழல் காரணிகளாகும்.

பறவைகளின் பாடல்கள் எல்லாமே, பல்கூட்டு ஜீன்களின் வெளிப்பாடு மற்றும் வலுவான சுற்றுச்சூழல் காரணிகளாகும். இத்தகைய பறவைகள் இனப்பெருக்க துணையினை கவருவதற்கும், எல்லைகளை அறியச்செய்வதற்கும், குடும்ப உறுப்பினர்களை இனம் காணுவதற்கும், எதிரி விலங்குகள் அடையாளங்கண்டு

எச்சரிக்கை தருவதும், மேலும் உணவு இருக்குமிடம் பற்றி தகவல் அளிக்கவும் குரலெழுப்ப, பாடல் இசைக்கவும் செய்கின்றன.

பறவையின் பாடல் உருவாக்கம் சமமாக பாரம்பரிய ஜீன் முறைப்படியும், சூழல் காரணியாலும் நிர்ணயிக்கப்படுகிறது. பொதுவாக பல் மரபணு பண்புகளில் சூழல் காரணிகளால் நிர்ணயிக்கப்படுவை என்பது உடல் எடை, உயரம், கண் நிறம், அறிவுத்திறன், தோலின் நிறம் ஆகியவற்றை கண்டறிகையில் புலப்படுகிறது.

விலங்குகளின் பண்புகள், நடத்தைகள் உருவாக பாரம்பரிய மரபுக்கூறுகளான ஜீன்கள் மற்றும் அவ்விலங்குகளின் சுற்று சூழலும் காரணமாகிறது. மனித இனத்திலும் நடத்தைகள்,உருவாக ஜீன்கள் பரம்பரை காரணியாகவும், கல்வி, வாழும் சூழல், வாழ்க்கை முறை, எண்ணங்களின் மாற்றம், அறிவியல் தொழிநுட்பம் ஆகிய சுற்று சூழல் மாற்றக்காரணிகளும் பங்கு வகிக்கின்றன என்பதனை நமது பரிமாண வளர்ச்சி மூலம் அறியலாமே!

19

உறவுகள் தொடர்கதை.....

தற்காலத்தில் இளைஞர்களும், குழந்தைகளும் வாழ்கின்ற வாழ்க்கையில் சொந்தம், உறவினர் உறவு என்பதெல்லாம் அவசியமற்ற வார்த்தைகளாகிவிட்டது! கடந்த 40 ஆண்டுகளில் தாய், தந்தை, குழந்தைகள் (2க்குள்) என்ற தனிக் குடும்பங்கள் அதிகரித்ததால் இந்நிலை நமது மனித இனத்தில் ஏற்பட்டுள்ளது. எனினும் சமுதாய வாழ்வில் ஆதிமுதல் உயிரினகள் இவ்வுலகில் சிறப்பாக வாழ இயற்கையாக அவற்றில் ஏற்பட்ட நடத்தை, சமூக வாழ்க்கை, சமூக கட்டமைப்பு கொண்ட விலங்குகள் பல்வேறு சமூக நடத்தைகளை உருவாக்கி, தம் வாழ்விலும், அவை உருவாக்கும் சந்ததியின் எதிர் கால வாழ்க்கைக்கும் பயன்களை உருவாக்கியுள்ளது என்றால் மிகையில்லை.

இத்தகைய சமூக உறவுமுறைகளைப் பற்றி அறிவதுதான் சமூக உயிரியல் (Sociobiology) ஆகும். சமூக உயிரியல் என்பது அனைத்து உயிரினங்களிலும் உருவாகும் சமூக நடத்தையினை பரிணாம முறையில் அறிவது ஆகும். இதனை 1946 ஆம் ஆண்டில் முதன் முதலில் அறிமுகப்படுத்திய அமெரிக்க அறிஞர் ஜான்பால்ஸ்காட் ஆவார். எனினும் 1975 ஆம் ஆண்டு எட்வர்ட் ஓ.வில்சன் என்பவர் தெளிவாக தன் நூலில் விளக்கினார்.

பெரும்பாலான விலங்குகள் சமூக குழுக்களை அமைப்பது எளிதாக உணவு கிடைப்பது, நல்ல பாதுகாப்பு ஆகியன ஆகும்.இவ்வாறு விலங்குகள், பாலுறவு

மற்றும் பெற்றோர் பாதுகாப்பினையும் தவிர்த்து கூட்டுறவு பண்புகளுடன் ஒருங்கிணைந்திருப்பது சமூகக்குழு ஆகும்.

விங்குகளுக்கு ஏன் குறிப்பிட்ட நடத்தை உருவாக வேண்டும். இதற்கான இரு காரணங்கள் உள்ளன. (1). அண்மைக் காரணம், பறவைகளும், மீன்களும் ஏன் வலசை (இடம் பெயர்தல்) போகின்றன என்ற வினாவிற்கு பதில் அவற்றின் ஹார்மோன் மாற்றம், வெப்பம், பகல் நேர கால நீட்டிப்பு, ஈரப்பதம், அல்லது உடலில் கொழுப்பு அதிகரிப்பால், வலசை போகும் எண்ணம், ஹைப்போதலாமஸ் மூளை உறுப்பின் தூண்டல் எனக்கூறலாம். மேற்கண்ட வினவிற்கு (2). இறுதியானக் காரணம் பதில் என்னவெனில், உணவு குறைபாட்டால் விலங்குகள் புதிய இடம் நாடுதலும் தேவையான உணவு கிடைக்குமெனில் வாழ்க்கை சரியாகி புதிய இனப்பெருக்கம் செய்தலாகும். மேலும் கடினமான தட்ப வெப்ப நிலையிலிருந்து தப்பி புதிய சந்ததி உருவாக்குதல் என்பது பரிமாண வளர்ச்சியின் விளைவாக இருப்பது என சமூக உயிரியல் அடிப்படையில் கூறப்படுகிறது.

சமூக உயிரியல் என்ற உறவு முறைகளை அறிந்து கொள்ள இனப்பெருக்க வெற்றி, தகுதியடைமை, தனித்தகுதியுடைமை, கூட்டு தகுதியடைமை, உறவு தேர்வு ஆகிய காரணிகளை புரிந்து கொள்ள வேண்டும். இனப்பெருக்க வெற்றி என்பது, ஒரு 'A' என்ற இணை விலங்குகள்,4 குட்டிகளை ஈன்றெடுத்து அவை உரிய முதிர்வு அடைந்து, மூன்றாம் தலைமுறையினை உருவாக்கும் நிலை வெற்றிகரமான பாரம்பரியம் ஆகும். மாறாக, 'B' என்ற இணை விலங்குகள் 4 குட்டிகளை ஈன்று, அவற்றில் இரண்டு குட்டிகள் இறந்துவிட, மற்ற இரண்டு மட்டுமே முதிர்ச்சி இனப்பெருக்கம் செய்து மூன்றாம் தலைமுறை உருவாக்கினால் 'B' இணை விலங்குகள் இனப்பெருக்க வெற்றி விலங்குகளாக கருத இயலாது.பரிணாம அடிப்படையில், அதிக எண்ணிக்கையில் வளமான சந்ததி உருவாக்கப்படவில்லை. அவையே "தகுதியுடைய சிற்றினங்களாக" கருதப்படும். "டார்வினியின் தகுதியுடைமை" என்பது தனியொரு விலங்கு அல்லது பறவையின் தனிப்பட்ட வாழ்க்கை தகுதி ஆகும். "கூட்டுதகுதியடைமை" எனப்படுவது ஒரு உயிரினம்,தன் குட்டியுடன் சிறப்பாக வாழ்க்கை நடத்தும் நிலை ஆகும். "உறவினர் தேர்வு" என்பது ஒரே பொதுவான பாரம்பரியத்தில் ஜீன் மரபணு தேர்வு மூலம்" ஒரு குடும்ப உறவினர்களுக்குள் இனப்பெருக்கம் தொடர்வதும் அப்பாரம்பரிய பண்புகள் பல்வேறு முறைகளில் உறவினர்களுக்குள் பரிமாறப்படுவதாகும். இத்தகைய இரத்த தொடர்புடைய உறவினர்கள் ஒத்துழைத்து,தமது மரபணு தகுதியடைமையினை அதிகரிக்கச் செய்கிறது.

நவீன சமூக உயிரியலுக்கான கோட்பாடுகளை, வில்லியன் டி. ஹாமில்டன் தன்னுடைய (1964, 1970, 1971, 1972 ஆண்டுகள்) தொடர் ஆய்வுக்கட்டுரைகளில்

வெளியிட்டார். இனநலப்பண்பு (Attruism) கூட்டுறவு (Cooperation), சுயநலம் (Selfishness), துன்பத்திலும் உதவி (Spite), தன்னலமில்லாத உதவி (Fusocilality) ஆகிய பண்புகளையொட்டிய நடத்தைகள் விலங்குகளின் சமூகக்குழுக்களில் "உறவுகளின் வலிமை" (r) யினை பொறுத்தே அமைகிறது என்கிறார். பெற்றோர்க்கும், குழந்தைகளுக்குமிடையிலும், சகோதர உறவுகளுக்கிடையிலும் (r) 1/2 என்ற நிலையில் இந்த நடத்தை அமைகிறது எனவும் மற்ற உறவுகளுக்கிடையில் (r) 1/4 என்ற நிலையிலும், தொலைவான உறவுகளுக்கிடையில் (r) 1/8 நிலையில் இத்தகைய நடத்தை உருவாவதாக கூறப்படுகிறது. இந்த "r" என்ற கணித குறியீடு பாரம்பரிய இரு ஒரேமாதிரியான உறவுகளின் வலிமையினை வலியுறுத்தும் மரபணுக்களின், பகிர்வை வலியுறுத்துகிறது என ஆய்வறிஞர் குறிப்பிடுகிறார். இத்தகைய கணித வெளிப்பாட்டின் அடிப்படையில், விலங்குகள் நிச்சயமாக நடத்தைகலை உருவாக்கு வதில்லை. ஆனால் "இயற்கை தேர்வு" கொள்கை அடிப்படையில் உருவாகின்றது.

சமூக குழுக்களில் அதிகமாக வெளிப்படுத்தப்படும் நடத்தைகளில் ஒன்று இனநலப்பண்பு ஆகும். இதன் அடிப்படையில் தன்னலத்தினை விட அதிகமாக, குழு உறுப்பினருக்கு, சக விலங்கிற்கு அதிக பயன் ஏற்படுத்தும் முறையே ஆகும். 1970 ஆம் ஆண்டில், லெவான்டின் என்ற அறிஞர் ஆஸ்திரேலியாவில் "முயல்களில் ஒன்று தன் உணர்வினை தியாகம் செய்து, மற்றோரு தன் இன விலங்கிற்கு வாழிடமும் தருகின்ற நிலையினை கண்டு, உறவுகளுக்குள் முயல்கள் உதவும் பண்பை அறிந்தார். இனநலப்பண்பு என்பது விலங்குகள் தம் நெருங்கிய உறவு விலங்குகளுக்கிடையில் நட்பு பாராட்டி, வெளி விலங்குகள் (உறவு தொடர்பில்லாத) தம் குழுக்களுக்குள் நுழைய தடையும் ஏற்படுத்துகின்றன.

விலங்குகள் ஒருவருக்கொருவர் உதவி செய்யும் இனநலப்பண்புகளையும் பெற்றுள்ளதாக, டிரிவர்ஸ் (1971) என்ற விஞ்ஞானி கூறியிருக்கிறார். மனித இனத்தில் கூட "இன்றைக்கு நீ உதவி செய்! உனக்கு தேவை ஏற்படுகையில் பதிலுக்கு உதவி செய்கிறேன்" என்ற வழக்கு சொல் உண்டு. ஆனால் இத்தகைய ஒருவருக்கொருவர் உதவி செய்யும் இனநலப்பண்பு விலங்குகளில் மிகுந்த நெருங்கிய குழு உறுப்பினர்களிடையேயும், வாய்ப்புகள் அதிகமாக உள்ள நிலையிலும் மட்டும் ஏற்படலாம். பரிணாம ரீதியாக சில சமயம் இத்தகைய பரிமாறும் இனநலப்பண்பு, ஏமாற்றத்திலும் முடிய வாய்ப்புள்ளதாகவும் டிரிவர்ஸ் தெரிவிக்கிறார். ஏனெனில் உதவியினை ஏற்றுக்கொள்ளும் விலங்கு, திரும்ப குறிப்பிட்ட உதவி செய்யும் விலங்குக்கு அவ்வுதவியினை செய்ய தவறும் நிலை ஏற்படுவதாக சமூக உயிரியல் அறிஞர்கள் கூறுகின்றனர். மேலும் இந்த நிகழ்வு "ஹோமோசெப்பியன்" என்ற மனித இனத்தில் பொதுவாக நிகழக்கூடியதாக கருதப்படுகிறது.

சிறு பறவைக்கூட்டத்தில் எதிரிப்பறவையினை கழுகினைக் கண்ட ஒரு சிறு பறவை, மற்ற பறவைகளுக்கு எச்சரிக்கை விடுக்க, மெல்லிய கூவுதல் எழுப்புகிறது. இதேபோல் எச்சரிக்கை ஒலி எழுப்பும் நடத்தை, அதாவது பிறர் நலம் பேணும் எண்ணத்துடன் பெரும்பான்மையான பறவைகளும், பாலூட்டிகளும் மேற்கொள்கின்றன. இதே போல் பத்து உறுப்பினர்களைக் கொண்ட ஒரு குரங்குக்குழுவில், எதிரி விலங்கினைக் கண்டதும், தனது குட்டிகளையும், உறுப்பினர்களையும் எச்சரிக்கை செய்வது "ஒருவருக்கொருவர் உதவி செய்யும் இனநலம்" பேணும் நிகழ்வுகள் நடைபெறுகின்றன.

அணில் விலங்குகளிலும் இத்தகைய அலறும் எச்சரிக்கை ஒலி எழுப்பப்படும் நடத்தை உள்ளது. எதிரியைக் கண்டதும் அவை ஒலி எழுப்ப, மற்றவை தமது பொந்துக்குள் சென்று அடைகின்றன. சமூக பூச்சிகள், குறிப்பாக எறும்புகளும், தேனீக்களும், "சமுதாய வயிறு" என்ற முறையில் உணவை தேவையான அளவு வயிற்றில் சேமித்து, பின்னர் தமது கூட்டில் உள்ள பிறகு விழுங்கிய உணவினை எதிரிக்களித்து பரிமாறி பயன்தருகின்றன. ஆப்ரிக்க செந்நாய்களும், குகையிலுள்ள தம் குட்டிகளுக்கு நேரடியாக வேட்டையாடிய மாமிசத்தை எடுத்துச்செல்லும் (அ) வாந்தி எடுத்தல் முறையில் பரிமாறுகின்றன.

சில உறவு தொடர்புடைய விலங்குகள், எதிரிகளை ஏமாற்றி குழப்பம் அடைய வைத்தலில் இனநலம் பேணுகின்றன. மான் குழுக்களில், சிறுத்தை புலி எதிரி விலங்கு வேட்டையாட, துரத்துகையில், ஒரு மான் கவனமாக உற்று நோக்கி, தன் சகோதர விலங்கு எதிரி விலங்கால் கொள்வதற்கான சூழல் உருவானதும், உடனடியாக தானே எதிரி விலங்கின் அருகில் சென்று அதனை குழப்பமடையச் செய்து கவனத்தை திசை மாற்றும். இந்நிலையில் முதலில் துரத்தப்பட்ட மான் தப்பித்துவிடும். இரண்டாவது மான் கூடுதல் ஆற்றலுடன் ஓடும், விரட்டும் எதிரி விலங்கு முன்னரே ஓடிக்கொண்டிருப்பதால் சற்று களைப்பாகவே செல்லும். எனினும் இரண்டவது மான் எதிரி விலங்கிடம் பலியாகும் அபாய நிலையும் உள்ளது. ஆனால் "இனநலப்பண்பு" நடத்தை எதிரி விலங்கை குழப்பி, தன் குழு உறவு விலங்குகளை காப்பாற்றி உதவுகிறதல்லவா!

உறவு தொடர்புடைய விலங்குகள், எப்பொழுதும் தமக்குள் தேவை ஏற்படும் பொழுதெல்லாம், உதவி செய்து கொள்கின்றன. இருவருக்கும் இதனால் பயன் ஏற்படுகிறது. கூட்டுறவு பண்பு கொண்ட இவ்வகை நடத்தை, பிறக்கும் புதிய உயிரினங்களை பாதுகாப்பதில், பறவைகளிலும், குரங்கின விலங்குகளிலும் கண்டறியப்பட்டது. டிரம்பெட் அன்னப்பறவைகள், கனடா பெரு வாத்துகள் ஆகிய பறவைகள் தங்கள் குழுவில் புதிய உயிரினம் பிறந்தால்,அனைவரும் ஒன்றிணைந்து, பராமரித்து, பாதுகாக்கின்றன. 1985 ஆம் ஆண்டு ஜெய்ப்பூர் அம்பாகார் வனப்பகுதியில் நடந்த ரீசஸ் குரங்கு ஆய்வில், தாய்க்குரங்கு மகப்பேறு அடைந்து குட்டி ஈனுகையில், அருகிலிருந்த மற்ற பெண் குரங்குகள்

தாய் குரங்கினை சுற்றி அமர்ந்து கொண்டன. ரீசஸ் குரங்கு பிரசவிக்கையில், மற்ற பெண் குரங்குகள் அக்குட்டியினை எடுத்து, தடவி, நீவி, தம் கைகளால் எடுத்து முகர்ந்து பராமரித்த காட்சி நேரடியாக அறியப்பட்டது.

"கூட்டுறவு வேட்டை" என்ற நடத்தை ஓநாய், செந்நாய், முதலைகள் ஆகியவற்றின் சமூகக் குழுக்களில் அறியப்பட்டுள்ளது.கேசல் மான்கள் குட்டிகளுடன் இருக்கையில், தாயினை குட்டியிடமிருந்து பிரித்து வேட்டையாடும் தந்திர நடத்தையினை நரிக்கூட்டம் பின்புற்றுகின்றது, சிங்கக்கூட்டத்தில் உள்ள பெண் பால் விலங்குகள் அனைத்தும் உறவு தொடர்புடையன, இங்கு சுயநலம் மற்றும் கூட்டுறவு நடத்தை கண்டறியப்பட்டுள்ளது. பிற குழுவின் பெண் விலங்குகள்,அன்னியரை, தம் குழுக்களில் (Pride) பெண் சிங்கங்கள் அனுமதிப்பதில்லை. இனப்பெருக்கத்திற்குப்பின், ஆண் சிங்கங்கள் குழுவினை விட்டு தானே வெளியேற்றுகின்றன. சில சமயம் விரட்டப்படுகின்றன. வேட்டை, பாதுகாப்பு,குட்டி பாதுகாத்தல் ஆகியவற்றில் பெண் விலங்குகள் ஒருங்கிணைக்கின்றன. ஒரே பறவைக்கு கூட்டத்தினைச் சேர்ந்த பறவைகள், குரங்கு கூட்டங்களின் பல்வேறு உறுப்பினர்கள் ஒற்றுமையாக எதிர் விலங்குகளை கூடி விரட்டுகின்றன. கூட்டுறவு குடு கட்டுதல் எறும்புகளிலும், குயில் குடும்பத்தில் சமூக குடு கட்டும் முறையில் வேறு சிற்றினத்தில், தம் முட்டையிட்டு,அதனை அப்பறவை அடைகாத்து வளர்த்து பராமரித்தலும் நடைபெறுகிறது.

எறும்பு காலனிக் கூடுகள், நோய்களுக்கு எளிதில் இலக்காகக் கூடியவை. "லேசியஸ்" என்ற ஆரோக்கியமான தோட்ட எறும்புகள், தமது நோயுற்ற கூட்டிலுள்ள எறும்புகளின் மீதுள்ள பரவக்கூடிய நோய்கிருமியான பூஞ்சையினை நீவுதல் மூலம் அகற்றுகின்றன.தெரியமா? டால்பின் என்ற நீர் வாழ் பாலூட்டிகளிலும், இத்தகைய உதவும் நடத்தை கண்டுபிடிக்கப்பட்டுள்ளது.

அனுமன் குரங்குகள் "ஒற்றை ஆண் தலைமை இரு பால் குழுக்கள்" வகையில் பெரும்பாலும் அமைந்துள்ளன. இங்கு வளருகின்ற ஆண் குட்டிகள் இக்குழுவினை விட்டு வெளியேறுகின்றன. வெளியேறிய ஆண் குரங்குகள் முற்றிலும் ஆண் குரங்கு குழுக்கள் அமைத்துக்கொண்டு, மிகப்பெரிய, அகன்ற எல்லைகளை கொண்டு ஆங்காங்கே உள்ள "ஒற்றை ஆண் தலைமை இருபால் குழுக்களிடம்" சண்டையிடும். வலிமையுள்ள புதிய ஆண், பழைய ஆணை விரட்டிவிட்டு, அங்குள்ள பால் குடிக்கும் குட்டிகளை கொன்று, அதன் தாய்க்கு பாலுணர்வு ஹார்மோன்கள் உருவாக்கப்படுதலும் தொடர்கிறது. இதனால் புதிய ஆண் குரங்கு, தன் சந்ததிகளை உருவாக்க இனப்பெருக்க செயலில் ஈடுபடத்துவங்குகிறது. இங்கு சமூகக்குழுவில் "சுயநலம் பேணுதல்" நடத்தையினால் தம் சந்ததியினை உருவாகின்ற நிலை ஏற்படுகிறது.

சில விலங்குகளிலும், சிறு உயிரினங்களிலும், இனப்பெருக்க தகுதியற்றவை தம் உறவு உயிரினங்களின் இனப்பெருக்கத்தை ஊக்குவிக்கும் "யசோசியாலிடி", புதிய சமூகப் பண்பினை கொண்டு அமைந்துள்ளது வியப்பினை தருகிறது. இதில் பணிப்பகிர்வு, பணி ஒதுக்கீடு ஆகிய நடத்தைகளும் பின்பற்றப்படுகிறது. தேனீக்கள், எறும்புகள், குளவிகள், கரையான்கள் ஆகியவற்றில், இத்தகைய நடத்தை காணப்படுகிறது. இங்கு வேலைக்கார உயிரினங்கள் தங்கள் தலைமையின் இனப்பெருக்கத்திற்காக உதவி செய்கின்றன. சில அகழ் உயிரினங்கள் (Rodents) வேட்டு சுண்டெலிகள், சமுதாய கூடுகள் கட்டுவதும், இனப்பெருக்கம் புரியாத விலங்குகள் குட்டிகளை, கூட்டுறவாக பெற்றோர் உடன் இணைந்தும் பராமரிக்கின்றன.

சமூக குழுக்களை விலங்குகளில் பரிணாம வளர்ச்சியாக, இத்தகைய பண்புகள் தொடர்ந்து வருகின்றன. உறவுகள் தொடர்கதையாக மனித இனத்தில் பல இடங்களில் சமுதாய மக்கள் தமக்குள் தொடர்பு கொண்டு உதவுவதல், பேணிக்காத்தல் சிறப்பாக உள்ளது. எனினும் பொருளாதார ரீதியாக, தனி மனித வாழ்வு உயருகையில் "உறவுகள் தொடர் கதையா? அல்லது சிறுகதையா?" என்ற வினாவுடன் உறவுகள் துண்டிக்கப்பட்டு ஆங்காங்கே சமூக குழுக்களிலிருந்து விலகி தீவு போல் மாநகரங்களிலும், வெளிநாடுகளிலும் வாழ்கின்ற மனிதர்கள் எண்ணிக்கையும் அதிகரிக்கின்றது!

20

பறவைகளை கண்காணிப்பீர்!

சுற்றுசூழல் அறிவியல் வகுப்பறைகளில் கற்பிக்கப்படுவதைவிட, களப்பயணம் சென்று கற்பதே மாணவர்களுக்கு இனிமையாகவும், எளிதில் புரிதலோடு, எதிர்பார்க்கும் விளைவுகள் ஆசிரியர்களுக்கு உடன் கிடைக்கும் என்பதே உண்மையாகும். குறிப்பாக இயற்கையில், மிக அழகிய, அனைவராலும் ஈர்க்கப்படும் விரும்பப்படும் உயிரினங்கள் பறவைகள் ஆகும். இப்பறவைகளை இனம் கண்டு (identification) அவற்றின் அரிய நடத்தைகளை கண்டு மகிழ்ந்து, அறிவதற்கு மனிதர்கள் அனைவருக்கும் இயல்பாகவே ஆர்வம் உண்டு. இத்தகைய பறவைகள் இனம் கண்டு கண்காணித்தலை (Bird-Watching) பள்ளிகளில் ஆசிரியர்கள் மாணவர்களுக்கு கற்றுத்தரலாம்.

“பறவை கண்காணித்தல்” பயிற்சியின் மூலம் பறவைகளின் அடையாளம், உணவு, வாழிடம், குரலொலி, கூடுகள், இனப்பெருக்க காலம். நடத்தை ஆகியவற்றை அறியலாம். பறவை கண்காணிப்பாளர் சிறந்த பறவை ஆர்வலராக மட்டுமின்றி, சிறந்த புகைப்பட நிபுணராக மாறவும் வாய்ப்புள்ளது. பறவையினை ஒரு மாணவர் உற்று நோக்குகையில் அறிவியல் தகவல்கள் அறிவது மட்டுமின்றி, அவரின் தனிப்பட்ட பண்புகளான கூர்ந்து நோக்கும் ஆற்றல், சுறுசுறுப்பு, சமயோகித புத்தி, விரைவுத்தன்மை, புதியவை கற்கும்

ஆர்வம் ஆகியவை மேம்படுவதற்கு வாய்ப்புகள் அம்மாணவருக்கு எளிதில் கிடைக்கின்றன.

சரி! பறவை கண்காணித்தலை எவ்வாறு ஆசிரியர் மாணவருக்கு கற்றுக் கொடுக்கலாம்?

இப்பயிற்சிக்கு தேவையான ஏழு அம்சங்களை முதலில் ஆசிரியர் அறிந்து கொள்ள வேண்டும். 1. களப்பணி (Field Work), 2. இரு கண் தோலை நோக்கி (Binoculars), 3. பறவை குரலொலி (Bird Call), 4. களத்திலுள்ள பறவை அடையாள குறியீடுகள் (Special Markings at the Field), 5. பறவைகளின் பறக்கும் விதம் (Flying Pattern of Birds), 6. குறிப்பேடு எழுதுகோலுடன் (Note Book with Pen), 7. வழிகாட்டுநூல்கள் (Guide Books).

1. களப்பணி:

பள்ளி மாணவர்கள் பறவை கண்காணித்தல் முறை கற்க நடைபயணம் செய்தல், அதாவது உடலுழைப்பு அவசியமாகும். ஆர்வம், பொறுமை, குழுமனப்பான்மை, களப்பயண உடை அணிதல் போன்றவற்றை ஆசிரியர் மாணவர்களுக்கு கற்பிக்க வேண்டும்.

2. இருகண் தொலை நோக்கி:

பறவையாளர்க்கு மிக அவசியமான கருவி, இது சாதாரணமாக 7x35 என்ற அளவில் பயன்படுத்தக்கூடிய கருவியாகும். 7 என்பது தொலை நோக்கியின் உருப்பெருக்கம் "x" என்பது நோக்கியின் ஆற்றலை குறிக்கும் குற்றெழுத்து. 35 என்பது லென்ஸ் குறுக்களவு ஆகும். தொலைநோக்கி மூலம் தொலைவில் உள்ள பறவைகளை அருகில், உருவத்தில் சற்று பெரிதாகவும், தெளிவாகவும் கண்டறிய உதவுகிறது. இதனை மாணவர்கள் கண்களில் உரிய முறையில், உரிய திசையில் அதன் திருகுகளை சமன் செய்து, காணும் பறவையின் தோற்றம் தெளிவாக அறியச்செய்ய ஆசிரியர் கற்று கொடுக்க வேண்டியது அவசியமாகும். நிலையான உருவங்களை மையமாக வைத்து உற்று நோக்கி மாணவர்களை முதலில் தயார் செய்ய வேண்டும். பின்னர் அசையும் உயிரினங்களை பறக்கும் பறவைகளை கண்டறிய பயிற்சி தரப்பட வேண்டும்.

3. பறவை குரலொலி:

ஐம்புலன்களில் காது என்பது மனிதர்களுக்கு மிக அரிய உறுப்பு, இவ்வுறுப்பினை பயன்படுகையில் மிக தொலைவில் உள்ள ஒலியினைக் கூட அறிய இயலும். மாணவர் பறவை கண்காணித்தல் துவக்குகையில் அமைதியாக இருந்து பறவை

ஒளி கேட்கும் பழக்கத்தினை மேற்கொண்டால் பல்வேறு பறவையினங்களை இனம்கண்டறிய இம்முறை உதவியாக இருக்கும். ஆசிரியர் சற்று கவனத்துடன் இப்பயிற்சியினை மாணவர்களுக்கு கற்று தர வேண்டும். மிக சாதாரண பறவைகளின் குரலொலி, எடுத்துக்காட்டாக, காகம், சிட்டுக்குருவி, குயில், ஆந்தை, மயில், மைனா போன்றவற்றை ஆசிரியர்கள் பதிவு செய்தும் அல்லது களத்திற்கு அழைத்து சென்றும் எளிமையாக கற்று தர இயலும்.

4. களத்திலுள்ள பறவைகளின் அடையாளக் குறியீடுகள்:

மாணவர்கள் பறவைகளை அடையாளம் காணச்செல்லுகையில், பறவையின் குறிப்பிட்ட உறுப்பின் வண்ணம் வடிவம், தனித்தன்மை வெளிப்படுத்தும் அலகின் வடிவம், கால்பகுதி போன்றவற்றை வேறுபடுத்தி அறிய கற்றுக்கொள்ள முயற்சி செய்யலாம். எடுத்துக்காட்டாக, “வெண்கழுத்து மீன் கொத்தியின், கழுத்துப்பகுதி, ராபின் பறவைகளின் நிமிர்ந்த வால், கண் இமை வண்ணக்கோடுகள், போன்ற சிறப்பு பண்புகளை ஆசிரியர்கள் கற்றுக்கொடுக்க இயலும்.

5. பறவைகள் பறக்கும் விதம்:

வெவ்வேறு பறவைகள் பறக்கும் முறைகள் வேறுபட்டு இருக்கும். எடுத்துக்காட்டாக, மிக உயரமாக பறக்கும் கழுகுப் பறவைகள் இறகுகளை அசைக்காமல் (Gliding) மிதந்து செல்வது போலவும், சில பறவைகள் குறிப்பாக தங்கபின்புற மரன்கொத்தி (Golden Backed Wood Pecker) தன் குரலை அலறுவது போல் எழுப்பி, மிக வேகமாக இறகுகளை அசைத்து (Flapping) பறக்கின்றன. இத்தகைய வேறுபாட்டு முறைகளை மாணவர்களுக்கு ஆசிரியர்கள் கற்றுத் தரவேண்டும்.

6. பறவை கண்காணித்தல் குறிப்பேடு:

குறிப்பேட்டில் தோராயமாக எழுதியும், வால், கழுத்து, வண்ணம் போன்ற தனிப்பண்புகளின் வேற்றுமையினை குறிக்கலாம். உடலின் வடிவம், சிறகு, இராகு வண்ணங்கள், பறவை அமர்ந்துள்ள இடம், நிலை, குரலொலி, நடத்தை, சேர்ந்து இருக்கும் நிலை (அ) தனிமை என்பதனை மிக சிறு,சிறு குறிப்புகளாக இயலும்.

களப்பணிக்கு செல்லுகையில் குறிப்பேட்டில் நாள்,புறப்படும் நேரம், தட்பவெப்பநிலை, கண்காணிக்கும் இடம் (காடு, புதர், புல்வெளி, ஏரி, குளம், கடல்) ஆகியவற்றை தவறாமல் குறிப்பிடலாம். ஒவ்வொரு பறவை பற்றிய குறிப்புகளை மிக சுருக்கமாக மாணவர் எழுத வேண்டும்.

7. வழிகாட்டு நூல்கள்:

மாணவர்களுக்கு சிறந்த, எளிமையான பறவை இனம் கண்டறிய உதவும் வழிகாட்டு நூல்களை, ஆசிரியர்கள் பரிந்துரைப்பது அவசியமாகும்.

நூல்களில் உள்ள பறவைகள் பற்றிய தகவல்களுடன், மாணவர்கள் தாம் களத்தில் கண்ட பறவை பற்றிய குறிப்புகளை ஒப்பிட்டு ஒவ்வொரு பறவையினையும் கண்டறிய இயலும். ஆசிரியர்கள் ஒளிப்படக் காட்சி வழியாகவும் (Audio-Visual) பறவை இனம்

வெவ்வேறு சிறப்பான தோற்றபண்புகள் கொண்ட சில பறவைகள் இனம் கண்டறிதல் முறை

	பறவைகளின் பெயர்	சிறப்பு பண்புகள்
1.	Grey Pelican (கூழைக்கடா) நீர்ப்பறவை	கடினமான, தட்டையான அலகின் கீழ்ப்பை போன்ற அமைப்பு (அழகு அமைப்பு)
2.	Spoon bill (கரண்டிவாயன்) நீர்ப்பறவை	நீண்ட கழுத்து கரண்டி போன்ற முனை கொண்ட அலகு (அலகு அமைப்பு)
3.	Whitelbis (வெள்ளை அரிவாள் மூக்கன்) நீர்ப்பறவை	அரிவாள் போன்ற முனை கொண்ட அலகு.
4.	Open billed Stork (திறந்த மூக்கு நாரை) நீர்ப்பறவை	சிவப்பு கருப்பு கலந்த கத்திரிக்கோல் வடிவ அலகு (அலகு அமைப்பு)
5.	Filamingo (பூ நாரை) நீர்ப்பறவை	4 அடி உயரம் இளஞ்சிவப்பு குட்டமை முன்புறம் வளைந்த அலகு, நீண்ட கழுத்து நீண்ட கால்கள் (அமைப்பு, அலகு)
6.	Pimtail (ஊசிவால் வாத்து) நீர்ப்பறவை	பழுப்பு நிற மேற்புற சிறகுகள், வெண்மை வால் பகுதி ஊசி போன்று அமைந்துள்ளது. (வால் அமைப்பு)
7.	Common Hawk Cuckoo or Brain Fever Bird (குழுகு குயில் (அ) மூளைக் காய்ச்சல் பறவை) (குயில் குடும்பம்)	ராஜாளி பறவை போன்ற தோற்றம் அதிக வீச்சுடன் கூடிய அலறல் (குரலொலி)

	பறவைகளின் பெயர்	சிறப்பு பண்புகள்
8.	Coppersmith or Crimson throated Barbet (நீலம், சிவப்பு தொண்டை குருவி (அ) தட்டான் பறவை)	சிறிய பறவை ஒலி "டுக்,டுக்" என ஒரே மாதிரி தொடர்ந்து ஒலிக்கும் உயரமான கிளையில் மறைந்து அமர்ந்திருக்கும் (குரலொலி)
9.	Hoopoe (செஞ்சிராட்டை) கொண்டைலாத்தி	இளம் பழுப்பு உடல், விசிறி போல் கொண்டை, கூரிய, மெல்லிய வளைந்த அலகு (தோற்றம்)
10.	Pied King Fisher (வெண் கருப்பு மீன்கொத்தி)	ஆறு, குளங்களில் மீன்களை கண்டது ஒரே இடத்தில இறகுகளை அசைத்து, நீர்பகுதியினை உற்றுநோக்கும் நேராக பாய்ந்து மீனை பிடிக்கும். (நடத்தை)
11.	Golden Oriole (மஞ்சள்) மாங்குயில்	அழகான மஞ்சள் வண்ணம் கொண்ட மைனா வடிவ பறவை, கண்ணில் கரிய மை தீட்டிய அழகுடன் காணப்படும் (வண்ணம்)
12.	Red yented Bul Bul (சிவப்பு பின் புற-புல்புல் பறவை)	புகை கலந்த பழுப்பு முக்கோண தலை கொண்ட செதில் வடிவ சிறகுகள், வாலின் கீழ்புறம் இளஞ்சிவப்பு அடையாளம் (தனி வண்ணம்)
13.	Paradise fly catcher (பாரடைஸ் பூச்சி பிடிப்பான் பறவை)	வெள்ளி முலாமுடைய வெண் வண்ணம், கருப்பு முக்கோண கொண்ட தலை, நீண்ட விசிறி போல் வெண்ணிற வால்பகுதி (வால் தோற்றம்)
14.	Tailor Bird (தையற்கார பறவை)	சிறிய, துடிப்பான ஆலிவ் இளம்பச்சை உடல், மேற்புறம் நோக்கிய நீண்ட நிமிர்ந்த வாலிறகு, மிக அதிக வீச்சுடைய கீரிச்சிட்ட குரலொலி (வால் அமைப்பு)
15.	Large Pied Wagtail (பெரிய கருவெள்ளை வாலாட்டி பறவை)	மைனா வடிவ வெண்மை கருப்பு உடலுடன், கண் இமை வெண்மை அடிகொண்டுள்ள நீண்ட வால் (வால் தோற்றம்)

மேற்கண்ட பறவைகளில் தோற்றம், வண்ணம், வால், அலகு, நடத்தை போன்ற சிறப்பு பண்புகளின் அடிப்படையில் எளிதில் இனம் காண இயலும். ஐக்கிய அமெரிக்க நாடுகளின் மீன், வனவிலங்கு துறை கணக்கெடுப்புப்படி ஒவ்வொரு ஆண்டிலும் அந்நாட்டின் புதிய பறவைகளை அறிய 8 மில்லியன் மக்கள் வெளியே செல்வதாக அறியப்பட்டுள்ளது. நம் நாட்டிலும் இந்நிலை ஏற்பட வேண்டும். 6 ஆம் வகுப்பு முதல் 9,10 வகுப்பு வரையுள்ள மாணவர்களுக்கு இப்பறவை கண்காணித்தல் பயிற்சி அளிக்கப்பட வேண்டும். பறவைகளை இனம் கண்டறிந்து கண்காணித்தல் முறையில் மாணவர்களுக்கு, இயற்கை ரசிப்புத்தன்மை, பறவை பாதுகாப்பு உணர்வு, சுற்றுச்சூழல் பாதுகாப்பு பற்றி எளிமையாக மாணவர்களுக்கு ஆர்வமூட்ட இயலும். எந்த ஒரு கல்வியும் பயன்பாடற்ற நிலையில் வகுப்பறைக்குள் கற்பதனால், மாணவர்கள் தேர்வு தேர்ச்சி மட்டுமே அடைய இயலும். ஆனால் களப்பயிற்சி மூலம் அன்றாட நடைமுறை வாழ்வில் மதிப்புமிக்க உயிரின வளத்தினை அறியசெய்தால் அதுவே உண்மையான கல்வி என ஆசிரியர்கள் உணரவேண்டும்.

21

இனியேனும் உணர்வோமா?

நம் வாழ்வில் தான் எத்தனை மாற்றங்கள்! கடந்த இருபதாண்டுகளில், மின்னணு, தொலைத்தொடர்பு, இணையம், உலகம் எத்தனை நவீன மயமாகிவிட்டதே! பொருளாதாரம் உயர்ந்துவிட்டது, இளம் தலைமுறைகளின் அறிவியல் அறிவு, தொழிநுட்பத்தினை வியந்து பார்த்து, மேலும், மேலும் வாழ்க்கை எளிதாகி விட்டது! மகிழ்ச்சி தான்! வளர்ச்சிப் பாதையில் செல்கின்றோம்!

ஆனால் இயற்கைப் பேரழிவுகளை எதிர்கொள்ளவும், தடுக்கவும் இவ்வளர்ச்சி, தோழி நுட்பம் போன்றவை பயன்படுமா? ஒரு புறம் புவி வெப்பமயமாதல், அழிப் பேரலை, வனங்களின் தொடர் அழிப்பு, புவியின் துருவப்பகுதிகளில் பனிக்கட்டி உருகுதல், சீரற்ற பருவ கால மழை, வெயில், விலங்குகள் பறவைகளின் அழிவு ஆகியனவும் நிகழ்ந்து கொண்டிருகின்றன!

மனித வாழ்வின் உயரிய நோக்கமான "வாழு வாழவிடு" என்ற தத்துவம் மறக்கப்பட்டு, உலக நாடுகளிடையே போர் சூழல், நீர்பற்றாக்குறை, விவசாய நிலங்களில் வறட்சி என்ற பரிதாபகரமான சூழலும், உயிரின சிதைவில்லா குப்பைகள், பாலிதீன் பிளாஸ்டிக் பெருக்கமும், எதிர் கால தலைமுறையின் இனிய வாழ்வினை கேள்விக் குறியாக்கிவிட்டன. இயற்கை என்பது பூமியின்

சில பகுதிகள், மனிதர்களுக்காக, பொழுதுபோக்குமிடங்களாக கருதப்பட்டு அவையும் மாறி அங்கும் மனித தாக்கத்தினால் செயற்கை குப்பைகளின் தாக்கம் இயற்கையினை வரைமுறையில்லாமல், சீரழித்து நெடுஞ்சாலைகள், விண்ணுயர் கட்டிடங்கள், ஒளிரும் கோபுரங்கள் இவையெல்லாம் கண்ணனுக்கு அழகாக தெரிகின்றதா?

ஆம்! தெரியும் ஆனால், நம் சந்ததியின் விழுதுகள், உயிர்வளி தேடி, ஒரு சொட்டு நீருக்காகவும், வெப்பக் கொடுமையிலிருந்து தப்பித்து மரநிழல் தேடியும், உணவாதாரம் இல்லாமல் தவிக்கப் போகும், போராடப்போகும் நிலை, வெகு தொலைவில் இல்லை என்பதனை நாம் உணர மறுக்கிறோம் என்பதும் உண்மை தானே!

இயற்கை என்பதனை அறிவியலாய், அறிந்து, உணர்ந்து, பின்பற்ற வேண்டிய காலம் நெருங்குகிறது. குறிப்பாக நம் இந்திய திரு நாட்டின் வனங்கள், வனவிலங்குகள், பறவைகள் இவற்றை பாதுகாத்தல் பற்றி நெடுங்காலம் முதல் உணர்த்தப்பட்டிருக்கிறது. முந்நூறு ஆண்டுகட்கு முன்னரே கிறித்துவத்திற்கு முன்னர் சாணக்யரின் அர்த்தசாஸ்திர நூலில் மரமழித்தல், விலங்கழித்தல் தடை செய்யப்பட்டிருந்தது. மூன்றாம் நூற்றாண்டு காலத்திலும், அசோக மாமன்னரின் ஆட்சியிலும் இயற்கை பாதுகாப்பு சட்டம் உருவாக்கப்பட்டது. இயற்கையினை இறைமையாக உணரப்பட்ட வேதக்காலம், புத்தரின் அகிம்சை, அன்பு, உயிரினங்களுடன் ஒருங்கிணைந்த பரிவு ஆகியவை அறிவுறுத்தப்பட்டது. முகமதிய ஆட்சிக்காலத்தில் வேட்டையாடுதல் ஒரு பொழுதுபோக்காக இருந்தது. எனினும் தொடர்ந்த பிரிட்டிஷ் ஆங்கிலேயர் ஆட்சிக்காலத்தில் வேட்டையாடுதல் என்ற நிலை மாறாதது மட்டுமல்ல, வனவிலங்குகள், தாவரங்கள் பற்றிய அறிவியல், வகைப்பாட்டு செய்திகள் பதிவு செய்யப்பட்டது. ஆனால் 20 ஆம் நூற்றாண்டில் 1914 ஆம் ஆண்டில் ஏற்பட்ட பெரும்போர் காரணமாக, வனங்கள் அழிக்கப்பட்டு வருவாய் உருவாக்க, ஒரு வாய்ப்பாக மாறிய நிலை துரதிருஷ்டவசமானது.

தொழில்புரட்சியின் விரைவுத்தன்மை, மக்கள் தொகை அதிகரிப்பு, எரிபொருள், தீவனபொருள் போன்றவற்றால் காடுகள் அத்துமீறி அழிக்கப்பட்டதுடன், பல்வேறு அரிய வனவிலங்குகள் முழுமையாக காணாமறபோகும் பரிதாப நிலை ஏற்பட்டது. பல்வேறு இந்து மத காவியங்கள், குறிப்பாக, ராமாயணம், மகாபாரதம் மற்றும் ஆன்மிக அடிப்படையில் விலங்குகள் கடவுளர்களாகவும் இந்திய நதிகளை புனிதமாக வழிபாட்டிற்குரிய நிலை ஏற்பட்டது. அரசமரம், வேப்பமரம், ஆலமரம் போன்ற பல்வேறு தாவரங்கள் இந்து மத கோவில்களில், “ஸ்தலவிருட்சம்” ஆக வழிபடப்பட்டு வருகின்ற நிலை, இயர்கையினை பாதுகாக்கும் உணர்வினை மக்கள் விழிப்புணர்வு பெற ஒரு வாய்ப்பாக உள்ளது.

இந்தியா வெவ்வேறு இயற்கைசூழலை தம்முன்னே ஒருங்கே பெற்றிருப்பது ஆச்சரியமாகும். குளிர்நிறைந்த இமாலயமலைக்காடுகள் முதல் கடற்கரை வரையும், ஈரமான வடகிழக்கு பசுமைக்காடுகள் முதல் வடமேற்கிலுள்ள வறண்ட பாலைவனம் போன்ற காடுகள், சதுப்பு நிலங்கள், தீவுகள், கடல் பகுதி, வளமான ஆற்றுப்படுகைகள் கொண்ட அழகிய தேசமாகும்.. கங்கை, பிரம்மபுத்திரா, கிருஷ்ணா, மகாநதி, காவேரி, கோதாவரி பல்வேறு ஆறுகளையும் பெற்றிருப்பது தனிச்சிறப்பு.

நம் இந்திய திருநாட்டின் முக்கிய இயற்கை அறிவியல் தனித்துவமே, ஐந்து வெவ்வேறு விலங்கு புவிப்பகுதிகளாக அமைந்துள்ளது தெரியுமா! துந்திரா என்ற குளிர்மிக அதிகமுள்ள பகுதி, ஆல்பைன் எனப்படும் வடகிழக்கு வெப்பமலைக்காடுகள், சவானா என்ற வெப்ப இலையுதிர் காடுகளும் புல்வெளிகளும், (தார் பாலைவனம் உட்பட) கங்கை சமவெளி, தக்காணபீடபூமி இணைந்த டெல்டாசமவெளி பகுதி தீபகற்ப கடற்கரை பகுதி என்ற பகுதியில் அலையாத்திக்காடுகள் என இயற்கை மிக அழகானது!

காஷ்மீர் மான் அல்லது ஹங்குல், ஒற்றைக் கொம்பு, இந்தியக் காண்டாமிருகம், புருவக் கொம்பு மான், தங்கலங்கூர் குரங்கு, பரசிங்கா என்ற சதுப்புநிலமான், பனிச்சிறுத்தை, இந்திய வரகுக்கோழி, ஆலிவ்ரிட்லி கடலாமைகள், ஆசியயானை, காட்டு கழுதை, ஆசியப்புலி, பெங்கால் ப்ளோரிகள் பறவை, காட்டுநாய், சிங்கவால்குரங்கு, நீலகிரி லங்கூர் குரங்கு, தாமத தேவாங்கு, நண்டு தின்னும் குரங்கு போன்ற நம் நாட்டிற்கே உரித்தான, அறிய விலங்கு, பறவை வகைகள் உலகின் வேறு எந்தப் பகுதியிலும் காணப்படவில்லை.

இத்தகைய அரிதான வனவளம், வனவிலங்குகள் பாதிக்கப்பட நிறைய காரணங்கள் உள்ளன, மரம் வெட்டுதல், மண் அரிப்பு தங்குதல், மாசுபாடு, சிமெண்ட் தொழிற்சாலைகளின் பெருக்கம், அதிக மக்கள் தொகை பெருக்கம், அத்துமீறிய ஆக்கிரமிப்பு வனப்பகுதியில் விவசாய நிலங்கள் உருவாக்கப்படுதல், வனவிலங்கு பாதுகாப்பு பற்றிய உரிய கல்வி விழிப்புணர்வு அற்ற நிலையே பெரும்பாலும் பிரச்சனைகளாக உள்ளது,

உலக இயற்கை பாதுகாப்பு நிறுவனத்தால் வெளியிடப்பட்ட சிவப்பு தகவல் புத்தகத்தில், உலகிலுள்ள அனைத்து அழியும் நிலை விலங்குகளில், 600 மட்டும் இந்தியாவில் உள்ளதாக கூறப்பட்டுள்ளது. இந்தியாவில் அரசியலமைப்பின் படி, இயற்றப்பட்ட சட்டங்கள் அடிப்படையில் வனவிலங்கு பாதுகாப்பு சட்டங்கள் மூலமாகவும், தேசிய பூங்காக்கள், சரணாலயங்கள் அமைப்பதிலும், உரிய கல்வி விழிப்புணர்வு ஏற்படுவதாலும், சிறப்பான நடவடிக்கைகள் மத்திய மாநில அரசுகளால் மேற்கொள்ளப்பட்டு வருகிறது. ஆனாலும் சமீபகாலமாக நமது மக்களில் பெரும்பான்மையினர் பொருளாதார உயர்வினையும்ம் இயற்கை

வாழிடங்களை அழிப்பது பற்றிய அக்கறை, கவலை கொள்ளாமல் மேலும், மேலும் நகரமயமாக்களையும், நவீன வாழ்க்கையில் ஏற்படும் மாற்றங்கள் இயற்க்கைக்கு எதிரானவை என்பதனை உணர மறுக்கிறோமே!

சாலைகளை அகலப்படுத்துவதால் மரங்கள் வெட்டப்படுகின்றன. மிக நவீன இயங்கூர்திகள், இருசக்கர வாகனங்கள் நகர, மாநகர சாலைகளில் 1 கி.மீ. தொலைவினைக் கடக்க, போக்குவரத்து நெரிசலால் பல மணி நேரம் ஆகின்ற நிலை வேதனைக்குரியது. ஊர்திகளால் ஏற்படும் வாகனப்புகை, தொழிற்சாலைக்காற்றில் வெளியேற்றும் வாயுக்களால் வளிமண்டலம் மட்டுமல்ல, மக்களின் சுவாச ஆரோக்கியத்தினை பாதிக்கின்றதே! அரிய விலங்குகளை வேட்டையாடி, வணிக ரீதியாக தோல், எலும்பு, தந்தம் மற்ற உறுப்புகளுக்காக, ஒருபுறம் பெருங்காடுகளில் குற்றங்கள் மலிந்துகொண்டிருக்கிறதே! வளமான ஆறுகளின் வண்டல் மண், அத்து மீறி சுரண்டப்பட்டு, இயற்கையான வளம் குறையும் நிலை ஏற்பட்டு விட்டது!

மலைச்சாரல்கள், வனப்பகுதிகள், அத்துமீறிய ஆக்கிரமிப்பால் முழுமையாக பாதிக்கப்பட்டு, அங்கு காற்றுமாசு, நீர்மாசு, நிலமாசு மட்டுமல்லாது, வனவிலங்குகள் தம் வாழிடத்தினை விட்டு வெளியேறி அருகிலுள்ள கிராமப்பகுதிகளில் உணவு, நீர் தேடும் நிலை ஏற்பட்டு வருகிறது. தொடர்ந்து மனிதனுக்கும் வனவிலங்குகளுக்கு மிடையில் மோதல்கள் நிகழவும் வாய்ப்புகள் உண்டாகின்றன.

இந்தியா போன்ற வளர்கின்ற நாடுகளில், பொருளாதார உயர்வும், தொழிற்சாலை உருவாக்கமும் தவிர்க்க இயலாது. எனினும் மக்களும் அரசும் இயற்கையினை பாதுகாத்தலையும், வளர்ச்சித்திட்டங்களையும் சமநிலையோடு நோக்கவும், வர்ச்சித்திட்டங்களால் இயற்கை, வனவாழ்விடங்களுக்கு பாதிப்புகள் நேராவண்ணம், கொள்கைகளையும், செயல்பாடுகளையும் நீடித்த தொடர் வளர்ச்சி (Sustained Development) என்ற முறையில் திட்டமிடுவது நன்று.

குறிப்பாக, இயற்கை என்பது இன்றியமையாதது, விவசாயம், வனவிலங்குகள், நீராதாரங்கள், திடக்கழிவு மேலாண்மை ஆகிய அனைத்தும் பாதுகாக்கப்பட அரசின் பல்வேறு திட்டங்கள் செயல்படுத்தப்பட்டாலும், நம் நாட்டின் ஒவ்வொரு குடிமகனும் அறிந்து கொள்ளவும், விழிப்புணர்வும் அடைய வேண்டும். இயற்கை என்பது அறிவியலாய் கற்றாலும், இயல்பாக உணருகையில் மட்டுமே செயல்பாடுகள், உரிய குறிக்கோளை நோக்கி நகருகின்றன! நாம், அனைவரும் “இனியேனும் உணர்வோமா?”

www.ingramcontent.com/pod-product-compliance
Lightning Source LLC
Chambersburg PA
CBHW030849180526
45163CB00004B/1511
* 9 7 8 1 6 4 6 5 0 8 9 4 5 *